Sushi no kyoukasho

스시
교과서 최신판

아카미

시로미

히카리모노

에비·가니

이카·다코

가이

교란

기타

이콘

들어가는 말

일본이 자랑하는 식문화, 스시
그런데 일본에서 생활하는 사람들도
스시에 대해 모르는 것이 의외로 많습니다.

이 생선이 가장 맛있는 시기는 언제일까?
스시집에서는 어떤 순서로 주문해야 좋을까?
스시는 손으로 먹는 것이 맞을까?

이에 대한 답을 안다면
스시를 더욱 맛있게
즐기면서 먹을 수 있습니다.

좀더 스시에 관한 지식을 넓혀서
좀더 맛있게 스시를 먹어 주었으면!

이것이 '스시의 교과서'가 지향하는 바입니다.

이 책을 읽고
스시를 좋아하는 사람이
지금보다 조금이라도 많아진다면
기쁘겠습니다!

일러두기
생물분류 표기에서 가독상의 편의를 위해 사이시옷은 생략합니다. (성겟과→성게과, 조갯과→조개과)

이 책의 사용방법

01
스시 이름

촬영에 협조해준 식당에서 부르는 호칭을 참고하여, 스시집에서 일반적으로 부르는 호칭을 채택했다. '표준 일본 이름'은 생선의 일반적 호칭이며, 스시 이름이 특수한 경우에는 전통적으로 원래 부르던 생선의 호칭을 택했다.

일본 이름
혼마구로

혼마구로 주토로 [本まぐろ 中トロ]

[참다랑어 중뱃살 , Bluefin tuna]

이후 흔 생선

새우; 게

지방의 단맛과 아카미의 감칠맛이
수준 높은 조화를 이룬다!

02
생선 데이터

생물학상의 분류.
'주요 산지'는 어획량이 많은 지역이나 양식이 활발한 지역이다.
'별명'은 일부 지방에서 부르는 명칭. 별명이 여러 개인 경우에는 편집부의 독자적 기준으로 선별했다.
'제철 시기'는 스시의 재료인 네타(ネタ)가 가장 맛있어지는 시기로. 양식인 경우는 일 년 내내이다.

● 데이터

농어목 고등어과

주요 산지
북반구 측 태평양과 대서양. 그중 비교적 따뜻한 지역에서 잡힌다.

별명
태평양에서 잡은 것은 참다랑어(구로마구로), 대서양에서 잡은 것은 대서양 참다랑어(다이세이요 구로마구로)라 부른다.

제철 시기 (월)
① ② ③ ④ ⑤ ⑥ ⑦ ⑧ ⑨ ⑩ ⑪ ⑫

● 포인트
어울리는 술로는 담백하고 깔끔함미 쌀발한 맛을 지닌 일본 청주를 추천. 입안에
개운하게 넘긴 후 다음 것을 먹으

주토로는 오토로에 비해 지방이 적으며, 절반은 붉은살인 아카미로 이루어져 있다. 지방이 과하지 않아 아카미의 감칠맛과 조화를 이루어 다랑어 본래의 맛을 즐길 수 있다. 어렴풋이 느껴지는 산미를 알아차린다면 세법 훌륭한 다랑어 전문가. 힘줄이 적고 결쭉하게 허끝에 닿는 맛도 적당한 강도여서 먹는 사람에게 감동을 준다. 가격 면에서도 오토로 보다는 쉽게 다가갈 수 있어. 다랑어 중 부동의 인기 1위 스시이다. 다랑어의 기름진 맛이 다이쇼 시대 들어 인기를 얻은 것은 생활습관 변화와 크게 관련이 있다. 당시 일본인의 식생활이 급속히 서구화되면서 기름진 요리가 점점 주목받았고, 그러면서 다랑어의 지방과 단맛이 재평가되었다고 한다.

03
포인트

'포인트'에는 스시 네타 또는 그 생선에 관한 상식이나 보충 설명을 넣었다.
해당 스시 네타와 생선에 대한 흥미가 더욱 깊어지도록, 상식이나 보충 설명을 추가하였다.

생선 달력 🐟

	7月	8月	9月	10月	11月	12月

1月	2月	3月	4月	5月	6月

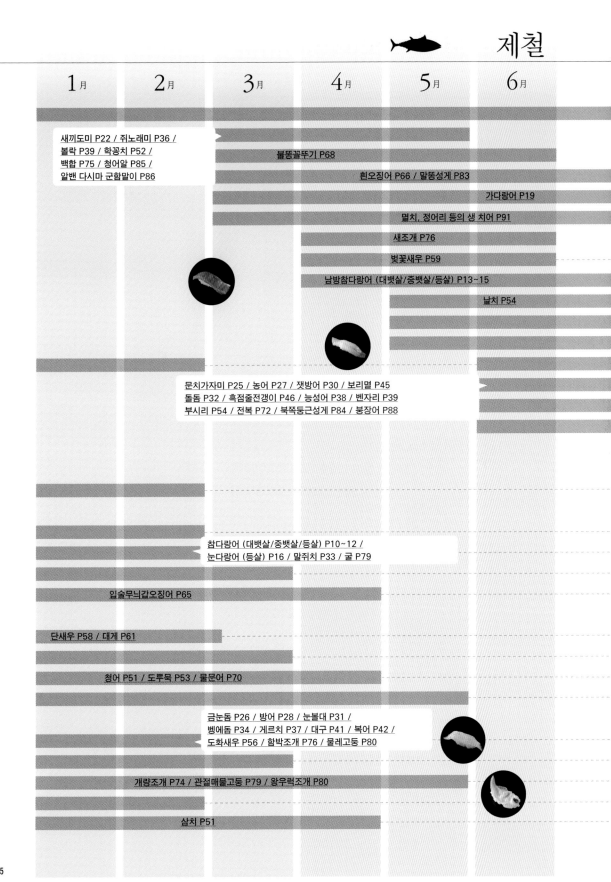

새끼도미 P22 / 쥐노래미 P36 / 볼락 P39 / 학꽁치 P52 / 백합 P75 / 청어알 P85 / 알밴 다시마 군함말이 P86

붉똥꼴뚜기 P68

흰오징어 P66 / 말똥성게 P83

가다랑어 P19

멸치, 정어리 등의 생 치어 P91

새조개 P76

벚꽃새우 P59

남방참다랑어 (대뱃살/중뱃살/등살) P13~15

날치 P54

문치가자미 P25 / 농어 P27 / 잿방어 P30 / 보리멸 P45
돌돔 P32 / 흑점줄전갱이 P46 / 능성어 P38 / 벤자리 P39
부시리 P54 / 전복 P72 / 북쪽둥근성게 P84 / 붕장어 P88

참다랑어 (대뱃살/중뱃살/등살) P10~12 /
눈다랑어 (등살) P16 / 말쥐치 P33 / 굴 P79

입술무늬갑오징어 P65

단새우 P58 / 대게 P61

청어 P51 / 도루묵 P53 / 물문어 P70

금눈돔 P26 / 방어 P28 / 눈볼대 P31 /
벵에돔 P34 / 게르치 P37 / 대구 P41 / 복어 P42 /
도화새우 P56 / 함박조개 P76 / 물레고둥 P80

개량조개 P74 / 관절매물고둥 P79 / 왕우럭조개 P80

삼치 P51

CONTENTS | 목차

1

AKAMI

아카미 (붉은살 생선)

다랑어(참치)를 비롯해 가다랑어, 황새치 등,
인기 네타가 즐비하다.
지방을 많이 함유한 진한 풍미는
이것이야말로 스시라 부를 만큼 만족도가 높다.

혼마구로 오토로 [本まぐろ 大トロ]

[참다랑어 대뱃살, Bluefin tuna]

지방의 진한 풍미가 넘쳐난다!
모두가 너무나 좋아하는 스시의 제왕!

➡ 데이터

농어목 고등어과

주요 산지
북반구 측 태평양과 대서양. 그중 비교적 따뜻한 지역에서 잡힌다.

별명
태평양에서 잡은 것은 참다랑어(구로마구로). 대서양에서 잡은 것은 대서양 참다랑어(다이세이요 구로마구로)라고 부른다.

제철 시기 (월)

① ② ③ ④ ⑤ ⑥ ⑦ ⑧ ⑨ ⑩ ⑪ ⑫

➡ 포인트

일본에서, 다랑어가 바다에 있을 때 세는 단위는 히키(匹), 반면 육지로 잡아 올린후 세는 단위는 혼(本)이다.

스시 네타의 대명사로도 불리는 다랑어, 소고기를 연상시키는 마블링과 넉넉한 지방.
한입 먹으면 입안에 가득 퍼지는 단맛. 이 맛이야말로 다랑어 인기의 비결이다. 일반적으로 참다랑어(혼마구로)라 부르는 것에는 태평양의 참다랑어와 대서양의 참다랑어 2종류가 있는데, 생김새도 맛도 거의 같아 대부분의 경우는 구별이 잘 안 된다. 다랑어는 많은 부위를 먹을 수 있는데, 그중에서도 오토로는 지방이 가장 많아 가격도 최고이다. 다만 지방이 너무 과해 맛에 감탄하면서도 실제로는 먹기를 꺼리는 사람도 있다. 의외이지만 에도 시대(江戶, 1603~1867년)에 다랑어는 싸구려 생선을 일컫는 '게자카나(下魚)'로 취급되었다. 간장을 겉돌게 할 정도의 많은 지방과 강렬한 붉은색 때문에 싸구려로 취급받은 듯하다. 다랑어의 인기가 높아진 것은 다이쇼 시대(大正, 1912~1926년) 들어서이다. 사실 늦게 피어난 꽃인 셈이다.

표준 일본 이름
구로마구로

혼마구로 주토로 [本まぐろ 中トロ]

[참다랑어 중뱃살 , Bluefin tuna]

지방의 단맛과 아카미의 감칠맛이
수준 높은 조화를 이룬다!

➡ 데이터

농어목 고등어과

주요 산지
북반구 측 태평양과 대서양. 그중 비교적 따뜻한
지역에서 잡힌다.

별명
태평양에서 잡은 것은 참다랑어(구로마구로). 대서
양에서 잡은 것은 대서양 참다랑어(다이세이요 구로
마구로)라 부른다.

제철 시기 (월)

① ② ③ ④ ⑤ ⑥ ⑦ ⑧ ⑨ ⑩ ⑪ ⑫

➡ 포인트

어울리는 술로는 담백하고 깔끔하며 쌉쌀한 맛을
지닌 일본 청주를 추천. 입안에 남아 있는 지방을
개운하게 넘긴 후 다음 것을 먹으면 좋다.

주토로는 오토로에 비해 지방이 적으며, 절반은
붉은살인 아카미로 이루어져 있다. 지방이 과하지
않아 아카미의 감칠맛과 조화를 이루어 다랑어 본
래의 맛을 즐길 수 있다. 어렴풋이 느껴지는 산미를
알아차린다면 제법 훌륭한 다랑어 전문가. 힘줄이
적고 걸쭉하게 혀끝에 닿는 맛도 적당한 강도여서
먹는 사람에게 감동을 준다. 가격 면에서도 오토로
보다는 쉽게 다가갈 수 있어, 다랑어 중 부동의 인기
1위 스시이다. 다랑어의 기름진 맛이 다이쇼 시대
들어 인기를 얻은 것은 생활습관 변화와 크게 관련
이 있다. 당시 일본인의 식생활이 급속히 서구화되
면서 기름진 요리가 점점 주목받았고, 그러면서 다
랑어의 지방과 단맛이 재평가되었다고 한다.

혼마구로 아카미 [本まぐろ 赤身]

[참다랑어 등살 , Bluefin tuna]

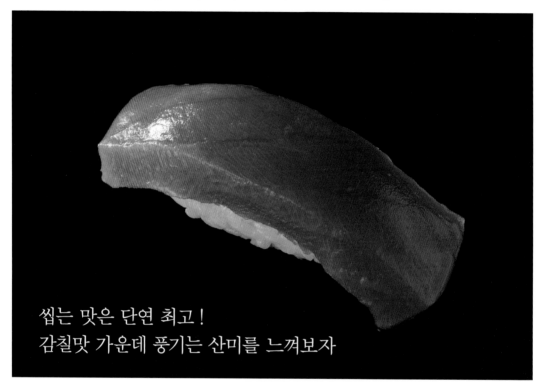

씹는 맛은 단연 최고!
감칠맛 가운데 풍기는 산미를 느껴보자

➡ 데이터

농어목 고등어과

주요 산지
북반구 측 태평양과 대서양. 그중 비교적 따뜻한 지역에서 잡힌다.

별명
태평양에서 잡은 것은 참다랑어(구로마구로). 대서양에서 잡은 것은 대서양 참다랑어(다이세이요 구로마구로)라고 부른다.

제철 시기 (월)

➡ 포인트

한때 두뇌에 좋은 성분으로 주목받았던 DHA(도코사헥사엔산)가 다랑어의 여러 부위 중에서도 아카미에 가장 많이 함유되어 있다.

에도 시대 후반부터 가장 일찍 먹기 시작한 다랑어 부위가 바로 이 아카미이다. 냉동 보존 기술이 없던 당시에는 지방이 많은 도로(뱃살)는 쉽게 부패하여 스시 네타로는 사용할 수 없었기 때문이다. 에도 시대에는 아카미를 간장에 절인 '즈케(ヅケ)'로 스시를 만들었지만, 현재는 대부분 생것으로 만든다. 아카미는 도로의 진한 맛을 꺼리는 사람들이 많이 찾는 스시이다. 통통하면서 가볍게 씹히는 식감의 아카미는 감칠맛이 나면서도 어렴풋이 산미도 느껴져, 도로에 뒤지지 않는 개성적인 풍미가 넘실거린다. 즈케는 사용하는 간장이나 절여놓는 시간 등에 따라 식당의 개성을 쉽게 보여주므로, 처음 방문하는 곳이라면 한번 먹어보기 바란다. 비교적 저렴한 식당에서는 냉동 생선을 많이 사용하지만, 최근 냉동, 해동 기술이 발전하면서 생것에 뒤지지 않는 풍미를 즐길 수 있다.

표준 일본 이름
미나미마구로

미나미마구로 오토로 [みなみまぐろ大トロ]

[남방참다랑어 대뱃살 , Southern bluefin tuna]

듬뿍 오른 지방의 단맛이
녹아내리며 단촛밥과 하나로 섞이면 더없이 행복

➡ 데이터

농어목 고등어과

주요 산지
남반구 측 태평양, 대서양. 인도양. 주로 중위도 부근 지역에서 잡힌다.

별명
인도양에서 잡은 것은 인도 참다랑어(인도 마구로). 그외에는 호주 참다랑어(고우슈 마구로)라고 부른다.

제철 시기 (월)

① ② ③ ④ ⑤ ⑥ ⑦ ⑧ ⑨ ⑩ ⑪ ⑫

➡ 포인트

잡아서 바로 먹기보다는 잠시 숙성시키는 편이 더 맛있다.

다랑어 중 참다랑어 다음으로 큰 것으로 생김새도 거의 비슷하다. 이름이 남방참다랑어인 것은 남반구에만 분포하기 때문이다. 예전에는 인도양에서 많이 포획되었기 때문에 인도 참다랑어라고도 불리기도 했다. 뱃살이 두툼하여 참다랑어 못지않게 지방이 진하게 올라 있다. 남방참다랑어의 오토로는 참다랑어에 비해 단지 약간 산미가 강할 뿐이며, 입안에서 끈적하게 녹아 나오는 지방의 단맛이 특징인 것은 똑같다. 참다랑어와의 차이를 말할 수 있다면 다랑어 애호가 명찰을 달아도 될 것이다. 최근에는 개체수의 급격한 감소로 어획규제가 행해지며, 호주산 양식 다랑어가 많이 유통된다. 일본에서는 여름이 되면 (겨울이 제철인) 참다랑어의 맛이 떨어지기 때문에 계절이 반대인 남반구의 남방참다랑어를 많이 이용한다.

표준 일본 이름
미나미마구로

미나미마구로 주토로 [みなみまぐろ 中トロ]

[남방참다랑어 중뱃살 , Southern bluefin tuna]

본연의 농후한 풍미를
마음껏 맛볼 수 있는 주옥같은 부위

➡ 데이터

농어목 고등어과

주요 산지
남반구 측 태평양, 대서양. 인도양. 주로 중위도 부근 지역에서 잡힌다.

별명
인도양에서 잡은 것은 인도 참다랑어(인도 마구로).
그외에는 호주 참다랑어(고우슈 마구로)라고 부른다.

제철 시기 (월)
① ② ③ ❹ ❺ ❻ ❼ ❽ ⑨ ⑩ ⑪ ⑫

➡ 포인트

입안에 남아 있는 지방을 개운하게 넘기기 위해,
먹은 후에는 뜨거운 차를 마시며 입안을 헹군다.
일본 청주를 곁들여도 좋다.

진하게 오른 지방이 특징인 남방참다랑어는 주토로에도 지방이 넘쳐난다. ⅓이 아카미, ⅔가 도로인 까닭에 지방이 상당히 농후하여 산뜻한 맛을 좋아하는 사람에게는 좀 심하다는 인상을 주기도 한다. 하지만 그런 까닭에 도로 애호가들에게는 인기가 높다. 강한 감칠맛과 산미, 입안에서 녹는 지방이 함께 이루는 풍미가 특징인 호평받는 네타이다. 물론 가격도 이에 상응하여 비싸다. 남방참다랑어는 참다랑어 다음가는 고급 어종으로 취급되며, 그중에서도 인기 부위인 주토로는 귀하게 여겨진다. 다만 양식 다랑어는 비교적 합리적인 가격이므로, 부담 없이 주토로를 즐길 수 있다. 물론 자연산 다랑어 쪽이 더 맛있겠지만, 너무 비싸다는 기분을 감안하면 양식도 자연산 못지않게 만족스럽다.

표준 일본 이름
미나미마구로

미나미마구로 아카미 [みなみまぐろ 赤身]

[남방참다랑어 등살 , **Southern bluefin tuna**]

치우침 없는 깊은 감칠맛과
탄력 있는 식감이 즐거움을 준다

➡ 데이터

농어목 고등어과

주요 산지
남반구 측 태평양, 대서양. 인도양. 주로 중위도 부근 지역에서 잡힌다.

별명
인도양에서 잡은 것은 인도 참다랑어(인도 마구로). 그외에는 호주 참다랑어(고우슈 마구로)라고 부른다.

제철 시기 (월)
① ② ③ ❹ ❺ ❻ ❼ ❽ ⑨ ⑩ ⑪ ⑫

➡ 포인트

자연산 남방참다랑어는 봄부터 여름까지가 제철이지만, 양식어는 일 년 내내 입하되어 제철이 따로 없다.

산미가 강한 도로에 비해 남방참다랑어의 아카미는 맛이 옅어 먹기 부담스럽지 않다는 평을 받는다. 신맛과 단맛이 균형을 이루고 있으며, 깊은 풍미가 즐거움을 준다. 감칠맛이 강하면서도 뒷맛이 고급스러운 것도 특징이다. 무심결에 몇 개라도 먹어버릴 수 있을 듯하여, 양껏 먹고 싶은 다랑어 애호가의 든든한 동료인 셈이다. 선명한 붉은 빛깔도 참다랑어에 비해 손색이 없다. 몰랑할 정도의 탄력 있는 식감도 좋다. 아카미라 하면 눈다랑어를 사용하는 식당도 있지만, 고급 식당의 아카미는 아무래도 역시 남방참다랑어나 참다랑어를 사용한다. 부드러운 풍미를 즐기기에도 좋고, 다음에 먹을 스시를 생각하는 동안 이어서 먹기에도 좋다. 다랑어지만 주연도 조연도 모두 될 수 있는 다재다능한 스시 네타가 바로 남방참다랑어의 아카미이다.

표준 일본 이름
메바치마구로

메바치마구로 아카미 [めばちまぐろ 赤身]

[눈다랑어 등살 , Bigeye tuna]

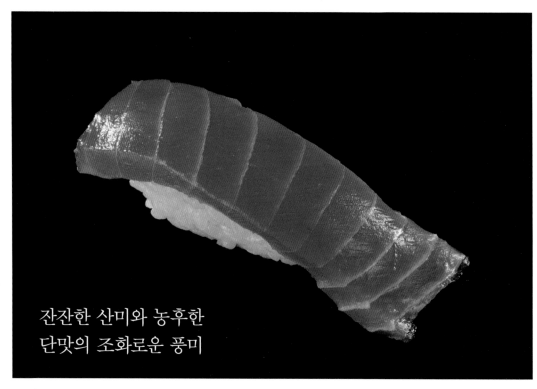

잔잔한 산미와 농후한 단맛의 조화로운 풍미

➡ 데이터

농어목 고등어과

주요 산지
적도를 사이에 둔 북반구와 남반구의 열대, 온대 지역 바다에서 잡힌다.

별명
시장이나 업계 종사자들 사이에서는 '바치'로 줄여 부르는 경우가 많다.

제철 시기 (월)

➡ 포인트

참다랑어보다 몸길이가 짧고 뚱뚱하다. 치어(어린 물고기)는 '다루마(ダルマ)'라 부르기도 한다.

눈이 또렷하고 큰 것이 이름의 유래*이다. 북반구와 남반구의 열대, 온대 지역에 서식하며 대부분 냉동 상태로 유통된다. 살아 있는 것은 고급품으로 취급되며, 가을에 산리쿠(일본 동북 지방의 태평양 연안) 지방에서 어획된 생다랑어는 높은 가격에 거래된다. 눈다랑어의 육질은 아카미가 많으며 주토로도 일부 있다. 선명하고 윤기 있는 붉은색과 아름다운 힘줄이 다랑어답기 때문에, 일반적으로 다랑어라 부르는 것은 이 눈다랑어인 경우가 많다. 맛은 다랑어 중에서 산미가 옅고 지방의 단맛이 짙어, 깊은 감칠맛도 맛볼 수 있다. 단촛밥과의 궁합도 좋아 스시로서의 완성도가 높다. 생것 그대로로 만든 스시는 물론이고 간장에 절인 '즈케'로 만든 스시도 인기이다. 냉동품은 가격도 비교적 저렴하여 회전스시부터 슈퍼마켓에 이르기까지 광범위하게 사용된다. 스시 네타로서는 메이저급 존재이다.

---

* 메바치(めばち)는 메(め, 눈)와 밧치리(ばっちり, 또렷한)가 합성된 말이다.

네기토로 [ねぎとろ]

[다랑어 갈빗살 군함말이 , Negitoro]

붉은살

흰살

등푸른 생선

새우, 게

오징어, 문어

조개

생선알

기타

본래 네기토로에는 진하고
풍부한 지방이 넘쳐흐른다 !

● 데이터

농어목 고등어과

주요 산지

－

별명
일부 회전스시에서는 '네기마구로(ねぎまぐろ)'로
표기하기도 한다.

제철 시기 (월)
① ② ③ ④ ⑤ ⑥ ⑦ ⑧ ⑨ ⑩ ⑪ ⑫

● 포인트

네기토로를 고안한 사람에 대해선 여러 가지 설이
있어, 누가 처음으로 생각해냈는지 단정지어 말하
기는 어렵다.

다랑어 갈비뼈 주위에 붙은 아카미인 '나카오치
(中落ち)'를 숟가락 등으로 긁어내어 잘게 다진 후 파
와 섞은 것이다. 갈비뼈 부근의 아카미는 지방이 풍
부하여 단맛이 훌륭하다. 김의 풍미와 지방의 단맛
이 하나로 어우러진, 뛰어난 맛 때문에 인기가 높
다. 원래 네기토로란 이름은 살을 긁어내는 것을 '네
기토루(ねぎとる)'라 부른 것에서 유래했다. 일본어
로 '네기'라 불리는 파와는 아무 관계가 없다. 원래
는 조금밖에 나오지 않는 나카오치를 사용해 만든
고급 스시였지만 최근에는 날개다랑어(빈초마구로),
황다랑어(기하다마구로), 눈다랑어(메바치마구로) 등을
재료로 잘게 다진 살에 식용유를 더해 만드는 경우
도 있다. 회전스시 등에서 저렴한 가격으로 먹을 수
있는 네기토로는 대부분 이런 식으로 만든 것이다.

표준 일본 이름
빈초마구로

빈초마구로 [びんちょうまぐろ]

[날개다랑어 , **Albacore tuna**]

입안에서 바로 녹는
지방이 오른 농후한 네타

➡ 데이터

농어목 고등어과

주요 산지
북반구, 남반구 상관없이 모든 아열대, 온대 바다
에서 잡힌다.

별명
빈초

제철 시기 (월)
① ② ③ ④ ⑤ ⑥ ⑦ ⑧ ⑨ ⑩ ⑪ ⑫

➡ 포인트

빈토로(びんとろ, 날개다랑어 뱃살)를 구운, 아부리빈
토로(あぶりびんとろ, 살짝 구운 날개다랑어 뱃살)는 지
방이 내는 단맛에 고소함이 더해져 더욱 맛있다.

다랑어로서는 비교적 작은 품종이다. 몸길이가 대
부분 1m 이하여서 다랑어 중에서도 그다지 주목받
는 종류는 아니다. 하지만 그 살은 오래전부터 참치
통조림의 원료로 사용되어 우리에게는 친숙하다.
스시로는 일부 지역에서만 먹을 수 있었던 마이너
한 네타였으나, 회전스시가 번창하면서 단번에 지
명도가 올라갔다. 살의 색상은 연한 붉은색인데, 지
방이 올라 있어 독특한 감칠맛이 난다. 특히 지방이
듬뿍 오른 뱃살 부위를 '빈토로'라고 부르는데, 회전
스시에서 인기 있는 네타이다. 흰빛을 띨 정도로 기
름이 잔뜩 오른 빈토로는 입안에서 바로 녹아, 본래
지닌 지방의 단맛을 최대한 맛볼 수 있다. 가슴지느
러미가 긴 것이 특징이어서, 그 지느러미를 긴 귀밑
털에 비유한 것으로부터 표준 일본 이름이 유래했
다.

* 빈초 (びんちょう) = 빈 (鬢 , 귀밑털) + 초 (長 , 길다).

표준 일본 이름
가쓰오

가쓰오 [かつお]

[가다랑어 , Skipjack tuna]

고명으로 특유의 냄새를 제거하면
희미하던 단맛이 두드러진다

➡ 데이터

농어목 고등어과

주요 산지
전 세계의 온대, 열대 지역 바다를 회유하기 때문
에 산지는 광범위하다.

별명
혼가쓰오, 야마토가쓰오, 스지가쓰오 등.

제철 시기 (월)
① ② ③ ④ ⑤ ⑥ ⑦ ⑧ ⑨ ⑩ ⑪ ⑫

➡ 포인트

'보이는 건 푸른 잎, 산에는 두견새, 초여름 첫 가
다랑어*'라는, 에도 시대 중반, 시인 야마구치 소도
(山口素堂)의 하이쿠가 있다.

봄부터 여름까지 일본 태평양 연안을 북상하는
가다랑어 떼를 '만물(올라가는) 가다랑어', 가을이 되
어 남하하는 떼를 '회귀(내려오는) 가다랑어'라고 부
른다. 북상해서 먹이를 듬뿍 먹은 후 지방이 꽉 차서
내려오는 '회귀 가다랑어' 쪽이 더 맛있지만, 가다랑
어의 제철은 봄이라고 한다. 이는 에도 시대로부터
유래한 것으로, 가다랑어뿐 아니라 모든 것의 '만물'
을 좋아했던 에도 사람들 문화 때문이다. 에도 시대
가다랑어의 인기는 '아무리 비싸도 아내를 담보로
잡혀서라도 먹고 싶다'는 말이 있을 정도였다. 스시
의 네타로 사용하게 된 것은 뜻밖에도 쇼와 시대(昭
和, 1926~1989년) 이후부터다. 표면에 지방층이 있어
은은한 단맛이 돌며, 시원스런 향에도 기분이 좋아
진다. 대부분 파나 생강 등을 고명으로 얹어 먹는데,
가다랑어의 비릿함 때문이지만 이 아이디어 하나로
풍미는 훨씬 업그레이드된다.

---

* 아름다운 초여름의 정경과 함께 그해 처음 잡힌 가다랑어의 기막힌 맛을 표현한
짧은 시 .

메카지키 [めかじき]

[황새치 , **Sword fish**]

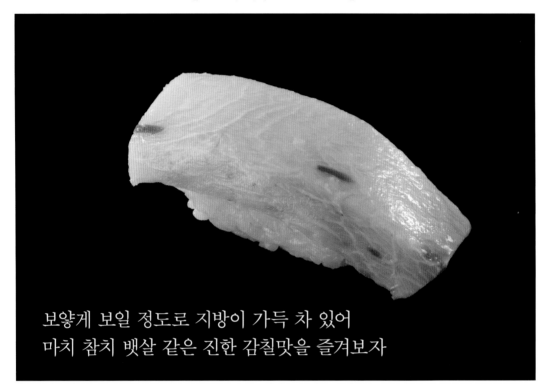

보얗게 보일 정도로 지방이 가득 차 있어
마치 참치 뱃살 같은 진한 감칠맛을 즐겨보자

➡ 데이터

농어목 황새치과

주요 산지
전 세계의 온대, 열대 지역 바다에 널리 분포.

별명
마카지키(マカジキ, 청새치)와 함께 '가지키마구로
(かじきまぐろ)'라고 불리기도 한다.

제철 시기 (월)
① ② ③ ④ ⑤ ⑥ ⑦ ⑧ ⑨ ⑩ ⑪ ⑫

➡ 포인트

가지키마구로로 불리는 것 중 하나인 '메카지키(황
새치)'는 아름다운 오렌지빛의 아카미가 특징.

전 세계 바다에서 포획되기 때문에 수입품이라면 거의 일 년 내내 구할 수 있다. 일본산은 여름부터 가을까지가 제철로 도호쿠(혼슈 동북부) 지방의 태평양 연안 등지에서 잡는다. 몸길이가 3m나 되는 대형 어류로, 예전부터 뫼니에르*나 튀김 등으로 만들어 먹은 대중적인 생선이다. 다랑어와 마찬가지로 주토로, 오토로가 있어 지방이 듬뿍 차있는 것이 특징이다. 살이 흰빛을 띠는 것은 몸통 전체에 지방이 올라 있다는 증거이다. 이런 짙은 지방이 더할 나위 없어, 최근에는 즐겨 찾는 사람이 많다. 원래부터 대중적인 생선이어서 가격이 저렴한 것도 인기 상승의 한 요인. 황새치만으로는 좀 과한 맛이지만 스시로 만들면 지방의 진한 단맛과 단촛밥의 풍미가 입 안에서 절묘하게 하나로 어우러진다. 지방이 입안에서 스르르 녹는 식감도 좋다.

* meuniere, 생선에 밀가루와 버터를 발라 구운 프랑스식 요리 .

SHIROMI

시로미 (흰살 생선)

담백하기도 하지만, 붉은살 생선에는 없는 촘촘한 조직이 주는 맛을 선호하는 사람이 많다. 스시 마니아임을 뽐내려면 이런 종류의 맛에 정통해야 한다.

표준 일본 이름
마다이

마다이 [まだい]

[참돔 , Red seabream]

균형 잡힌 고급스러운 단맛이며
다부진 살의 식감도 맛있다

일본의 가장 오래된 역사책인 고사기(古事記)에도 이름이 기록되어 있을 만큼 일본인에게는 매우 친숙한 생선이다. 도쿠시마현 나루토나 효고현 아카시에서 잡히는 도미가 유명하지만, 홋카이도에서 동중국해*에 이르기까지 서식하여 일본 곳곳이 모두 산지이다. 선명한 담홍색의 표면이 인상적이며, 지방은 조금 있는 정도이다. 견고하고 단단한 몸은 비린내 없이 은은한 단맛이 난다. 자연산은 매우 비싸지만, 최근에는 양식이 늘면서 한층 접하기 쉬워졌다. 양식어는 단맛을 제대로 맛볼 수 있을 만큼 진한 지방이 특징. 시장까지 살아 있는 채로 출고되므로 신선함은 확실히 보증된다. 다 크면 길이가 1m, 무게는 14kg에 달한다.

* 중국 본토 , 일본 규슈 , 타이완 해협으로 둘러싸인 바다 . 동지나해로도 불린다 . 대부분이 대륙붕이며 간만의 차가 크다 .

➔ 데이터

농어목 도미과
주요 산지

효고현, 에히메현, 야마구치현, 후쿠오카현, 오이타현, 구마모토현, 나가사키현.

별명
오다이, 다이, 혼다이 등.

제철 시기 (월)
① ② ③ ④ ⑤ ⑥ ⑦ ⑧ ⑨ ⑩ ⑪ ⑫

➔ 포인트

사진은 껍질에 뜨거운 물을 부었다가 바로 차갑게 식히는 방법인 '가와시모(皮霜)'를 한 것이다. 가와시모는 껍질을 부드럽게 하고 잡내를 없애는 효과가 있다.

표준 일본 이름
가스고

가스고 [かすご]

[새끼도미 , Kasugo]

식초에 절인 특유의 산뜻한 느낌과
고급스런 감칠맛은 최고의 궁합 !

가스고는 도미의 치어이다. 기본적으로는 붉돔의 치어를 지칭하지만 최근에는 참돔이나 황돔의 치어도 가스고라 부른다. 도미가 성어일 때는 먼 바다에 서식하지만, 치어는 비교적 얕은 바다 주변에서 무리를 이루며 산다. 그런 까닭에 에도 시대에는, 지금의 도쿄만에서 가스고를 많이 포획하여 스시의 네타로 사용하였다. 사진은 참돔의 가스고인데, 분홍빛의 껍질이 우아하게 하얀 살과 아름다운 대비를 이룬다. 부드러운 껍질을 남긴 살에 장식용 칼집을 넣어 식초에 절인 후 만든 스시이다. 참돔의 가스고는 살이 단단하고 진한 감칠맛이 있어 가스고 중에서도 최고로 친다.

➔ 데이터

농어목 도미과
주요 산지

효고현, 에히메현, 야마구치현, 후쿠오카현, 오이타현, 구마모토현, 나가사키현.

별명
오다이, 다이, 혼다이 등.

제철 시기 (월)
① ② ③ ④ ⑤ ⑥ ⑦ ⑧ ⑨ ⑩ ⑪ ⑫

➔ 포인트

에도 시대에 많이 포획할 수 있었던 것은, 지금의 도쿄만에서 당시 성업했던 '저인망'에 많이 걸렸기 때문이다. 그야말로 일망타진이었다.

구로다이 [くろだい]

[감성돔 , Black seabream]

지방이 적고 식감이 부드러우며
단맛 뒤에는 바다의 향기가 느껴진다

표준 일본 이름
구로다이

붉은살

흰살

등푸른 생선

새우, 게

오징어, 문어

조개

생선알

기타

➜ 데이터

농어목 도미과

주요 산지
아이치현, 효고현, 에히메현, 히로시마현, 후쿠오카현.

별명
지누, 지누다이, 구로치누, 구로, 가메다이 등.

제철 시기 (월)
① ② ③ ④ ⑤ ⑥ ⑦ ⑧ ⑨ ⑩ ⑪ ⑫

➜ 포인트

효고현 아카시에서는 신선한 상태 그대로 보존하여 출하하기 위해 일정 기간 활어조에 살려둔다.

그 이름대로 도미의 한 종류이면서 몸 색상이 검은빛'이다. 잡식성이어서 새우, 게, 소라 등은 물론 해초나 수박도 먹는다. 앞바다의 바위 지역이나 강 하구 가까이에 서식하는데, 특히 해변 둔치에 서식하는 것 중에서 돌돔(이시다이)과 함께 해안가 물고기로는 최고여서 갯바위 낚시꾼들이 매우 좋아한다. 성전환하는 물고기로 알려져 있는데 어릴 때는 모두 수컷이고 성장하며 암수한몸인 시기를 보내다가 암컷으로 바뀐다. 이 때문에 치어 시기의 별명은 '지누(ちぬ)' 또는 '친(ちん)'이다. 도미의 한 부류답게 하얀 살은 쫄깃쫄깃 씹히면서도 부드럽고 지방은 많지 않다. 입안에서 담백한 단맛이 촤악 퍼지고 나면 자연의 정취가 넘치는 바다의 향기가 은은하게 느껴진다. 해안가 물고기를 좋아하는 사람이라면 이 향기가 없으면 뭔가 아쉬울 것이다.

---

* 구로다이 (くろだい) = 구로 (黒 , 검다) + 다이 (鯛 , 도미).

히라메 [ひらめ] [광어*, **Bastard halibut**]

흰살 생선의 제왕으로 불리며, 참돔과 함께 흰살 생선 중 최고로 꼽히는 고급 어종이다. 여러 설이 있지만 1 kg 전후를 소게(そげ), 2kg 정도까지를 오소게(大そげ), 그 이상을 히라메(ヒラメ)라 부른다. 위에서 보면 둥그스름한 모양을 띠고, 옆에서 봤을 때 두툼한 것이 상등품이다. '겨울 광어'라 부를 만큼 가을부터 겨울까지가 제철이다. 지방이 오르면 살은 엷은 황갈색을 띠게 된다. 크기가 클수록 맛이 좋으며 단단한 살은 비린내 없이 담백하다. 생것으로 만든 스시도 물론 맛있지만, 에도마에 스시***에서는 다시마로 감싸 숙성시킨 것으로 만들기도 한다. 다시마로 감싼 후 반일 정도 눕혀놓으면 더 풍부한 감칠맛이 우러나온다.

* 넙치가 표준말이고 광어가 사투리였지만, 광어라는 이름으로 널리 불리면서 광어도 표준말로 쓰인다.
** 두 눈이 왼쪽에 몰려 있으면 광어, 오른쪽에 몰려 있으면 가자미라는 구별법.
*** 江戸前寿司, 도쿄 앞바다 어패류로 만든 스시. 현재는 에도 시대 전통 기법으로 만든 정통 스시를 일컫는다.

담백하면서 단단한 살을 지니고 있어 겨울에는 비길 바 없을 정도로 맛있다

● 데이터

가자미목 넙치과

주요 산지

홋카이도, 아오모리현, 아키타현, 야마가타현, 지바현, 후쿠이현 외.

별명

소게, 오소게, 뎃쿠이, 히다리구치 등.

제철 시기 (월)

① ② ③ ④ ⑤ ⑥ ⑦ ⑧ ⑨ ⑩ ⑪ ⑫

● 포인트

가자미와 구별하려면 입을 보면 되는데, 입이 큰 쪽이 광어, 작은 쪽이 가자미이다. '좌(左)광어 우(右)가자미**'라는 말이 있지만 반드시 맞는 구별법은 아니다.

엔가와 [えんがわ] [광어 지느러미살, **Engawa**]

광어의 등지느러미나 꼬리지느러미의 지느러미 힘줄을 움직이게 하는 근육으로, 이것은 지느러미 힘줄을 세우거나, 쓰러뜨리거나, 좌우로 눕히는 세 종류의 근육으로 구성되어 있다. 그중 스시의 네타로 사용하는 것은 지느러미 힘줄을 좌우로 눕히는 근육이다. 콜라겐이 많아 오독오독한 특유의 식감이 있고 지방도 좌르르 올라 있다. 입안에서 오독오독 씹히는 살로부터 스르르 스며 나오는 지방의 단맛은 단연 최고! 입안이 천천히 감칠맛으로 채워지는 너무나 행복한 시간을 즐길 수 있다. 그러나 한 마리의 광어에서 단지 4조각만 나오는 매우 희소한 부위여서 가격도 매우 비싸다.

오독오독한 살로부터 스르르 스며 나오는 지방의 단맛

● 데이터

가자미목 넙치과

주요 산지

홋카이도, 아오모리현, 아키타현, 야마가타현, 지바현, 후쿠이현 외.

별명

소게, 오소게, 뎃쿠이, 히다리구치 등.

제철 시기 (월)

① ② ③ ④ ⑤ ⑥ ⑦ ⑧ ⑨ ⑩ ⑪ ⑫

● 포인트

엔가와라는 이름은, 어렴풋이 보이는 줄무늬 모양이 일본 가옥에 있는 툇마루(縁側, 엔가와) 모양과 비슷하다는 것에서 유래했다.

붉은살

흰살

등푸른 생선

새우, 게

오징어, 문어

조개

생선알

기타

024

마코가레이 [まこがれい]

[문치가자미 , Marbled flounder]

오도독 베어 물면
스멀스멀 단맛이 퍼져 나간다

➡ 데이터

가자미목 가자미과

주요 산지
도쿄도, 조반(이바라키현과 후쿠시마현의 동부)
지방, 세토내해(혼슈, 시코쿠, 규슈에 둘러싸인 긴
내해), 오이타현 등.

별명
아마테, 구치보소, 시로시타, 마코 등.

제철 시기 (월)

① ② ③ ④ ⑤ ⑥ ⑦ ⑧ ⑨ ⑩ ⑪ ⑫

➡ 포인트

광어와 마찬가지로 가자미에도 엔가와가 있다. 가
자미의 엔가와 역시 진한 지방과 오도독오도독 씹히는
식감이 더할 나위 없이 맛있다.

홋카이도부터 규슈까지의 얕은 바다에 많이 서
식하는 가장 대표적인 가자미이다. 일본 주변에 그
종류만 약 40가지가 서식하며, 모두 식용이긴 하지
만 스시 네타에 사용하는 가자미라 하면 이 문치가
자미를 지칭한다. 스시 네타는 물론 튀김이나 조림
등 다양하게 요리하는 문치가자미는 여름을 대표하
는 스시 네타 중 하나이다. 소형선박에서 자망* 등으
로 잡는데, 1kg 전후의 활어가 가장 비싸다. 대표적
인 산지는 오이타현의 히지마을인데, 성 아래 해안
에서 잡히는 '시로시타카레이(城下がれい)'는 최고급
브랜드이다. 투명하게 비치는 희고 맑은 외관은 보
기에도 시원스러워, 그야말로 여름을 대표하는 스
시 네타 중 하나로 꼽힌다. 오독오독 씹히는 좋은 식
감도 재미있고, 스멀스멀 퍼지는 단맛도 훌륭하다.
계절에 따라서는 광어보다 문치가자미를 더 좋아하
는 사람도 있다.

---
* 刺網, 옆으로 긴 네트 모양의 그물을 물고기 떼 통로에 수직으로 펼쳐서 그물코에
걸리도록 잡는 그물 .

긴메다이 [きんめだい]

[금눈돔 , Splendid alfonsino]

혀 위에서 사르르 녹는 부드러움
지방이 많지만 생각 외로 담백한 맛

➡ 데이터

금눈돔목 금눈돔과

주요 산지
이즈반도(시즈오카현 동쪽 반도), 미우라반도(가나가와현 남동부쪽 반도), 지바현 소토보, 하치조섬, 고치현, 와카야마현 등.

별명
긴메, 마킨메, 가게키요, 아카기 등.

제철 시기 (월)

① ② ③ ④ ⑤ ⑥ ⑦ ⑧ ⑨ ⑩ ⑪ ⑫

➡ 포인트

이즈이나토리, 시모다, 이즈제도의 니지마섬에서 잡히는 것은 '도로킨메(トロキンメ)'라고 부르는데, 오토로 같은 식감을 즐길 수 있는 고급 스시 네타이다.

사실 금눈돔은 전 세계 수심 200m 이상의 바다에 사는 심해어이다. 표준 일본 이름인 긴메다이(金眼鯛)는, 망막에 빛을 반사하는 층이 있어 눈이 금색으로 빛나는 데서 유래했다. 식용어로는 새로운 부류에 속하지만, 간토(도쿄를 중심으로 한 혼슈 중앙의 동쪽, 관동) 지방에서는 식탁에 자주 오르는 매우 친숙한 생선으로 잘 알려져 있다. 칠레나 미국으로부터의 수입산과 이즈반도 등에서 잡히는 일본산이 있는데, 이중에서도 이즈반도에서 잡히는 '지킨메(地金目)'는 간토 지방에서 매우 귀하게 여긴다.

겉보기에는 지방이 잔뜩 올라 반지르르하지만, 맛은 지방이 많은 것에 비하면 의외로 담백하며, 지방의 감칠맛이 단촛밥과 서로 어우러지며 훌륭한 맛을 만들어낸다. 살도 부드러워 입에 넣는 도중에 사르르 녹는다. 금눈돔 자체가 먹기 편한 맛이어서, 스시 외에도 조림이나 전골 등 다양한 요리에 폭넓게 사용된다.

스즈키 [すずき]

[농어 , Japanese seabass]

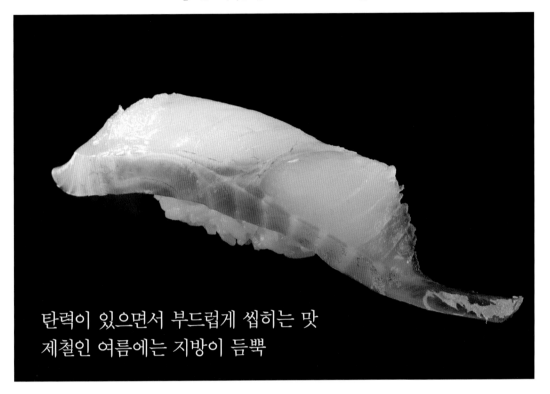

탄력이 있으면서 부드럽게 씹히는 맛
제철인 여름에는 지방이 듬뿍

➔ 데이터

농어목 농어과

주요 산지
지바현, 가나가와현, 아이치현, 오사카부, 효고현,
에히메현, 후쿠오카현 등.

별명
세이고→훗코→스즈키로, 성장하면서 이름이 바
뀌는 물고기.

제철 시기 (월)
① ② ③ ④ ⑤ ⑥ ⑦ ⑧ ⑨ ⑩ ⑪ ⑫

➔ 포인트

찬물로 생선살을 수축시킨 '아라이(洗い)'는 시원
스러운 여름의 맛이다. 기회가 있으면 한번 도전
해보자.

농어는 역사서인 고사기에 등장하는 것 외에도,
다이라노 기요모리(平清盛)를 총리(太政大臣)로까지
이끌었다고도 전해질 정도로 일본과 관계가 깊은
어종이다. 영양분이 풍부하여 여름날 영양 보충으
로도 제격이어서, 도쿠가와(德川) 가문의 밥상에도
올랐다고 한다.

자연산은 여름이 제철이지만 최근에는 양식도
많아져 계절과 관계없이 지방이 잘 오른 농어가 유
통되며 스시 네타로도 널리 사용된다. 옛날에는 찬
물에 생선살을 수축시킨 후 먹는 '아라이'가 대부분
이었지만 현재는 회가 기본. 팽팽하고 탄력 있으면
서도 부드러운 식감의 살에는 은은한 단맛이 감돈
다. 비린내가 전혀 없어, 거부감 없이 즐겁게 먹을
수 있다. 양식어는 시장에 살아 있는 채로 입하되기
때문에 신선도가 높은 살에 투명함이 감돈다. 깔끔
하게 스시를 만들 수 있다는 점도 매력이다.

---

* 헤이안 시대 말기, 기요모리가 구마노로 참배하러 가는 도중, 배 안으로 농어가
뛰어들었는데 이를 신들의 선물이라 생각. 이후의 승승장구를 구마노 신들의 가호
덕분으로 여겼다고 한다.

부리 [ぶり]

[방어 , Japanese amberjack]

겨울에는 보얗게 보일 정도로 지방이 오른다
다른 계절에 먹어도 좋다 !

➡ 데이터

농어목 전갱이과

주요 산지
지바현, 도야마현, 이시카와현, 교토부, 시마네현,
야마구치현, 나가사키현 등.

별명
간토 지방에서는 크기에 따라 와카시 → 이나다 →
와라사 → 부리로 이름을 바꿔 부른다.

제철 시기 (월)

➡ 포인트

겨울방어(寒ぶり, 간부리)란 말이 있을 정도로, 겨울
에는 다랑어 이상으로 지방이 듬뿍 올라 진한 풍미
를 지닌다. 간장이 겉돌 정도이다.

봄부터 초여름에 걸쳐 일본 열도를 북상하여 먹
이를 잔뜩 먹은 후, 가을에서 겨울에 걸쳐 남하하는
회유성 물고기이다. 성장하며 크기가 커짐에 따라
이름이 바뀌는데, '이나다'부터 스시 네타로 사용한
다. 방어는 붉은살 생선이 아닐까 하는 설부터 방어
의 성질은 흰살 생선과 붉은살 생선의 중간이라는
설, 정확히는 등푸른 생선으로 분류된다는 설 등 여
러 가지가 있지만 어느 설이 맞는지 확실하지는 않
다. 다만 겨울에 지방이 오른 방어는 보얗게 보이기
도 해서 흰살 생선이라는 설이 다소 우세한 듯하다.
사진은 여름 방어인데, 지방은 그다지 많이 올라 있
지 않지만 방어 본연의 단맛은 충분히 만족스럽다.
방어는 양식어 중 생산량이 가장 많아, 자연산의 어
획량을 훨씬 뛰어넘는다. 양식 방어는 어느 계절이
든 지방이 잔뜩 오른 진한 풍미를 지녀, 젊은이들에
게 인기가 높다.

하마치 [はまち]

[양식 방어 , Hamachi]

넉넉한 지방이 녹아내리는
진한 감칠맛이 인기의 비결

➔ 데이터

농어목 전갱이과

주요 산지
가가와현, 에히메현, 오이타현, 나가사키현, 가고
시마현 등.

별명
-

제철 시기 (월)

➔ 포인트

자연산 방어를 간사이 지방에서는 크기에 따라 모
자코 → 와카나 → 쓰바스(야즈) → 하마치 → 메지
로 → 부리로 이름을 바꿔 부른다.

원래 '하마치(はまち)'라는 이름은, 크기에 따라
바꿔 부르는 방어 이름 중 하나로 주로 간사이(오사
카를 중심으로 한 혼슈의 중서부, 관서) 지방에서 사용한
다. 그러나 최근에는 양식 방어를 총칭하여 '하마
치'라 부르기도 한다. 양식하는 방법은 자연산 방어
의 치어를 포획하여 기르는 것인데 보통 2년 정도
이면 출하한다. 하마치 양식 기술은 근래 들어 크게
개선되어, 살이 탱탱하고 자연산에 가까운 풍미를
지닌 하마치로 기를 수 있게 되었다. 자연산 방어는
겨울이 아니면 지방이 오르지 않지만, 양식 방어라
면 일 년 내내 지방이 오른 것을 먹을 수 있다. 사진
에서와 같이 듬뿍 오른 지방 때문에 살이 희게 보일
정도이다. 하마치는 이 지방이 녹는 진한 감칠맛 덕
분에 젊은이들 사이에서, '다랑어보다 더 맛있다'며
인기를 얻기도 하지만, 반면에 '지방이 너무 과하
다'며 멀리하는 사람도 있다.

간파치 [かんぱち]

[잿방어 , Greater amberjack]

**탄력 있게 씹히는 맛
그 가운데 느껴지는 지방의 단맛**

붉은
살

흰
살

등
푸른
생
선

새
우,
게

오
징
어,
문
어

조
개

생
선
알

기
타

➡ 데이터

농어목 전갱이과

주요 산지
와카야마현, 고치현, 규슈, 이즈제도, 오가사와라
제도 등.

별명
아카이오, 아카하나, 간파, 아카바라 등.

제철 시기 (월)
① ② ③ ④ ⑤ ⑥ ⑦ ⑧ ⑨ ⑩ ⑪ ⑫

➡ 포인트

간파치(間八)란 이름은 정면에서 봤을 때 눈 사이
가 팔(八)자 모양인 것에서 유래했다.

따뜻한 바다에서 회유하는 육식성 물고기로, 여름
흰살 생선으로 인기가 높다. 고급 생선인 방어 무리
중에서도 최상급이다. 이즈제도, 와카야마현, 시코
쿠, 규슈 등이 자연산 잿방어의 산지이지만, 최근에
는 양식이 많다. 시코쿠와 규슈를 중심으로 한 양식
장에서 도쿄 시장까지 살아 있는 채로 출하된다. 자
연산은 계절에 따라 크기가 달라지는데, 여름에 잡
힌 손바닥 크기의 잿방어는 맛이 뛰어난 귀한 스시
네타이다. 또 가을에 잡힌 중형이나 대형 잿방어도
스시 네타로 비싸게 거래된다. 양식어는 일 년 내내
지방이 오른 상태로 먹을 수 있다. 간토 지방에서는
양식어 대부분을 스시 네타로 사용하며 회전스시에
서도 사용한다. 전체적으로 산뜻하게 지방이 올라
있어 풍부한 감칠맛이 난다. 입안에 선명하게 남는
단맛도 참을 수가 없다. 탄력 있게 씹히는 맛도 즐거
움을 준다.

표준 일본 이름
아카무쓰

노도구로 [のどぐろ]

[눈볼대 , Blackthroat seaperch]

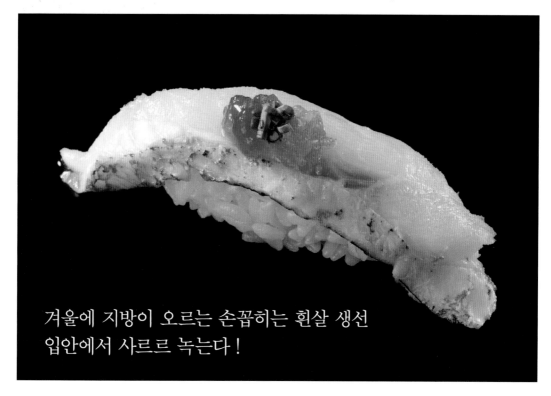

겨울에 지방이 오르는 손꼽히는 흰살 생선
입안에서 사르르 녹는다 !

➡ 데이터

농어목 반딧불게르치과

주요 산지
지바현, 니가타현, 도야마현, 이시카와현, 나가사키현 등 일본 각지.

별명
아카우오, 긴교, 메부토 등.

제철 시기 (월)
① ② ③ ④ ⑤ ⑥ ⑦ ⑧ ⑨ ⑩ ⑪ ⑫

➡ 포인트

작아도 지방이 듬뿍 올라 있는 것이 특징. 작은 크기에도 비싸지만 그만한 가치가 있는 생선이다.

아름다운 붉은색 몸이 특징인 물고기이다. 육지에서 떨어진 수심이 깊은 바다에 살며, 동해에서 많이 어획된다. 살이 희면서 오토로 같이 지방이 듬뿍 올라 있어 인기가 높다. 최근에는 홍살치나 금눈돔과 견줄 정도의 고급 생선으로 대우받는다. 이시카와현의 '노도쿠로(のどくろ)', 시마네현의 '돈칫치 노도구로(どんちっち のどぐろ)', 나가사키현의 '베니히토미(紅瞳)' 등 지역마다 브랜드 생선이 등장하는 것도 높은 인기의 증거이다. 사진은 살짝 구워 스시로 만든 것이다. 고소한 지방이 입안에서 바로 사르르 녹아, 흰살 생선의 지방이 지닌 독특한 단맛을 마음껏 맛볼 수 있다. 함께할 고명으로는, 구운 생선과 궁합이 좋은 '모미지오로시'나 폰즈소스가 적당. 간장을 찍지 않고 그대로 먹는다. 사가미만(가나가와현 남부 해안)에서는 앞바다의 전갱이를 '노도구로'라 부르는 등 지역에 따라 혼동하기 쉬운 호칭이 있으므로 주의가 필요하다.

* もみじおろし , 단풍을 연상시키는 붉은색 고명으로 , 당근이나 빨간 고추를 강판에 간 것 또는 이를 넣은 무즙 .

표준 일본 이름
이시다이

이시다이 [いしだい]   [돌돔 , Barred knifejaw]

낚싯줄에 걸렸을 때 줄을 당기는 힘이 매우 센 탓에 낚시하기 어려워, 갯바위 낚시꾼들에게는 동경의 대상이다. 스시 네타로서는 고급으로 분류되어 자연산은 시가로 판매한다. 최근에는 서일본을 중심으로 양식도 행해지며 보급이 확대되었다. 치어 시절 몸 표면에 나타나는 검은색 가로줄 무늬가 가부키 등에 사용하는 산바소에보시*와 비슷하여 '산바소'라고도 부른다. 자라면서 가로줄 무늬는 없어지고 수컷의 입 주위가 검게 변하여 '구치구로(口黑)'라 부르기도 한다. 표면의 선명한 줄무늬와 분홍빛이 아름다우며, 단맛이 제대로 나는 쫄깃쫄깃한 식감이다. 비린내는 거의 없다.

쫄깃쫄깃한 식감으로 단맛이 나고 비린내가 없어 먹기에 좋다

* 三番叟烏帽子, 귀족이나 무사 등이 쓰던 건(巾)의 일종으로 검은색 가로줄 무늬가 특징 .

● 데이터

농어목 돌돔과

주요 산지

이즈제도, 오가사와라제도, 미에현, 와카야마현, 시마네현, 돗토리현 등.

별명

하스, 구치구로, 다카바, 지샤다이, 시마다이 등.

제철 시기 (월)

① ② ③ ④ ⑤ ⑥ ⑦ ⑧ ⑨ ⑩ ⑪ ⑫

● 포인트
껍데기가 단단한 따개비나 성게류를 먹기 위해 턱이 강한 것이 마치 칼과 같다. 다소 위험해 보이는 영어 이름(Barred knifejaw)은 여기서 유래했다.

표준 일본 이름
고쇼다이

고쇼다이 [こしょうだい]   [어름돔 , Grunt]

암초 지대 얕은 여울에 서식하며, 큰 것은 몸길이가 60㎝ 정도까지 자란다. 이름은 등지느러미 부근의 몸 표면에 향신료인 후추(고쇼)와 비슷한 반점이 있는 것에서 유래했다. 해안가에 주로 서식하기 때문에 독특한 바다 비린내를 풍기긴 하지만 걱정할 정도는 아니므로 편하게 먹을 수 있다. 표면을 살짝 구우면 고소함이 더해지며 감칠맛이 배가된다. 알맞을 정도로 탄력 있는 살은, 한입 먹으면 혀 위에서 단촛밥과 균형 있게 하나로 섞이며 깊은 풍미를 만들어낸다. 예전에는 서일본 지방에서만 스시 네타로 사용했으나 최근에는 간토 지방에서도 일반적으로 사용하며, 회전스시에서도 맛볼 수 있는 스시 네타가 되었다.

고급스러우면서 확실히 진한 맛 껍질을 살짝 구우면 감칠맛이 배가된다 !

● 데이터

농어목 하스돔과

주요 산지

지바현, 와카야마현, 도야마현, 미야자키현 등.

별명

고타이, 도모모리.

제철 시기 (월)

① ② ③ ④ ⑤ ⑥ ⑦ ⑧ ⑨ ⑩ ⑪ ⑫

● 포인트
분홍색이 적당히 감도는 흰살에 검붉은살이 섞인 모습이 아름다워, 보면서도 즐기는 스시 네타이다.

붉은살

흰살 ◀

등푸른 생선

새우, 게

오징어, 문어

조개

생선알

기타

표준 일본 이름
가와하기

가와하기 [かわはぎ] [쥐치 , **Threadsail filefish**]

작게 오므린 입에 애교 있는 얼굴이 유명하다. 이런 귀여운 모습과는 정반대로 껍질은 두껍고 단단하고 까칠까칠하다. 이 껍질을 벗겨내어 조리하기 때문에 '가와하기(皮剝)'란 이름이 붙었다. 도쿄만에서 어획되는 몇 안 되는 스시 네타로, 6~12월이 제철이다. 살은 물론이고 간도 귀하게 여겨, 간이 큰 대형 쥐치일수록 값이 올라간다. 투명감 있는 흰살이 아름답고, 맛은 섬세하다. 씹는 맛이 탱탱하고 베어 물면 어렴풋이 지방의 단맛이 느껴지며 씹을 때마다 조금씩 감칠맛이 배어 나온다, 감귤류와 소금을 곁들여 깔끔하게 또는 간을 얹어서 먹으면 더욱 맛있다.

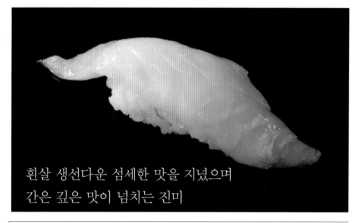

흰살 생선다운 섬세한 맛을 지녔으며
간은 깊은 맛이 넘치는 진미

● 데이터

복어목 쥐치과
주요 산지

도쿄만, 사가미만, 스루가만(이즈 반도와 시즈오카현 사이의 만), 세토 내해, 규슈 등.

별명
하게, 메이보, 우시즈라, 바쿠치, 가와무키 등.

제철 시기 (월)
① ② ③ ④ ⑤ ⑥ ⑦ ⑧ ⑨ ⑩ ⑪ ⑫

● 포인트

쥐치의 간을 간장에 녹여 넣은 '간쇼유(肝醬油, 생선간 간장)'에 쥐치 회를 찍어 먹는 특유의 방식이 있다. 동일한 생선 부위끼리여서 맛의 궁합은 더할 나위가 없다.

표준 일본 이름
우마즈라하기

우마즈라하기 [うまづらはぎ] [말쥐치, **Black scraper**]

이름은 말의 얼굴처럼 옆으로 긴 모습의 쥐치 종류인 것에서 유래했다. 쥐치보다 다소 육지에서 떨어진 해안에 살며 따뜻한 바다를 좋아한다. 쥐치와 마찬가지로 딱딱한 껍질로 덮여 있으며, 이 껍질을 벗기면 아름다운 흰살이 나타난다. 맛은 담백해서 은은한 감칠맛이 돌며 식감이 탄력 있고 탱탱하다. 모미지오로시 등 악센트를 더해주는 고명 종류 식자재와 궁합이 좋다. 간은 대개 쥐치의 간보다 커서, 폰즈소스 등으로 먹거나 또는 삶거나 구워서 스시 위에 올린다. 사진도 흰살 위에 간을 올린 것인데, 간 외에도 모미지오로시와 파의 일종인 큰 산파를 함께 올렸다.

고명과의 궁합이 매우 뛰어나
(고명을) 고심한 보람이 있는 담백한 풍미

● 데이터

복어목 쥐치과
주요 산지

홋카이도 이남 지역.

별명
하게, 고우구리, 쓰노기 등.

제철 시기 (월)
① ② ③ ④ ⑤ ⑥ ⑦ ⑧ ⑨ ⑩ ⑪ ⑫

● 포인트

가장 맛있는 시기는 가을부터 봄까지지만, 일 년 내내 맛이 떨어지지 않아 여름에도 그런대로 맛있다.

메지나 [めじな]

[벵에돔 , **Largescale blackfish**]

쫀득쫀득 씹는 맛에 기분이 좋아지며
겨울에는 지방이 듬뿍 올라 단맛이 강하다

붉은살

흰살

등푸른 생선

새우, 게

오징어, 문어

조개

생선알

기타

➡ 데이터

농어목 벵에돔과

주요 산지
사가미만, 이즈반도, 이즈제도, 세토내해, 규슈 등
일본 전역.

별명
구래, 구로이오 등 다수.

제철 시기 (월)

① ② ③ ④ ⑤ ⑥ ⑦ ⑧ ⑨ ⑩ ⑪ ⑫

➡ 포인트

'메지나'는 해안가의 메지나와 근해에 서식하는 구
로메지나 2종류를 총칭한다. 겨울이 제철이지만
구로메지나는 비교적 여름에도 먹는다.

돌돔, 감성돔과 함께 대표적인 연안어로, 갯바위
낚시꾼들 사이에서 엄청난 인기를 자랑한다. 여름
에는 바다 비린내가 나지만, 겨울에는 지방이 오르
며 맛이 좋아져 식자재로 널리 이용된다. 따라서 제
철 시기는 당연히 겨울, 지방이 흰살 표면으로 떠오
를 정도로 듬뿍 오른다. 진한 지방의 단맛이 강하게
느껴지고, 적당히 단단한 살이 쫀득쫀득하게 씹히
는 맛도 기분 좋다. 겨울에는 연안어 특유의 비릿한
향이 엷어지면서 절묘하게 변하는 것도 재미있는
데, 살이 지닌 감칠맛을 더욱 두드러지게 한다. 옅은
분홍색이 감도는 흰살은 어딘가 고급스럽고, 검은
색 표면은 상상 이상으로 아름답다. 표면을 구워 껍
질의 감칠맛을 살린 스시도 상당히 맛있다. 제철이
라면 다타키나 카르파초로 만들어 먹어도 좋다.

붉은 살

흰 살 ◀

등 푸 른 생 선

새 우 , 게

오 징 어 , 문 어

조 개

생 선 알

기 타

표준 일본 이름
아카카마스

가마스 [かます]　　　　　[창꼬치 , **Barracuda**]

살은 담백하지만
껍질에는 넘치는 감칠맛이 있다

간토 지방 이남의 따뜻한 연안에서 볼 수 있으며, 대만부터 호주에 이르는 넓은 지역에 서식한다. 위아래로 있는 날카로운 이빨이 특징으로, 평상시에는 자고 있다가 먹잇감을 잡을 때 일어나 움직인다. 꽁치와 같은 가을 생선으로, 그 소금구이는 '며느리에게는 주지 마라'고 할 정도로 맛있다. 히로시마 지방에는 '창꼬치 구이를 먹는 한 되의 밥'이라는 맛있는 속담도 있을 정도이다. 말린 창꼬치는 고급품인데, 특히 소금을 뿌려 하룻밤 바람에 말린 '이치야보시(一夜干し)'는 최고급품이다. 살은 담백한 맛이어서 다소 싱겁게 느껴질 수도 있다. 그러나 껍질과 껍질 밑이 감칠맛으로 가득 차 있어, 껍질을 불에 살짝 구우면 더욱 맛있어지면서, 고급 생선다운 풍미가 만들어진다.

* 밥을 한 되나 먹을 만큼 맛있다는 의미의 일본 속담 .

데이터

농어목 꼬치고기과
주요 산지
도야마현, 가나가와현 등.

별명
아라하다, 샤쿠하치, 도로카마스 등.

제철 시기 (월)
① ② ③ ④ ⑤ ⑥ ⑦ ⑧ ⑨ ❿ ⓫ ⑫

포인트　고치현에는 창꼬치의 뱃속에 단촛밥을 가득 채워 생선 모습 그대로 만든 스가타즈시(姿寿司)가 있다. 후쿠오카현에도 이와 비슷한 스시가 있다.

표준 일본 이름
가사고

가사고 [かさご]　　　　[쏨뱅이 , **Marbled rockfish**]

삐죽삐죽한 모양의 등지느러미와 불그스름한 몸통 색이 눈길을 사로잡는 소형 물고기이다. 얕은 해안가에 서식하며, 커다란 입으로 작은 동물을 잡아먹는 육식성 물고기이다. 예전에는 대중적인 어종이었지만 지금은 고급 어종이다. 고급스러운 흰살은 회나 조림으로 먹는데 주로 큰 것은 회로, 작은 것은 조림으로 먹는다. 깔끔하고 섬세한 풍미를 살리기 위해 간장은 되도록 조금만 사용한다. 단촛밥은 살의 단맛을 돋우어 더욱 깊은 풍미가 살아나게한다. 껍질을 남겨서 스시를 만들기도 하는데 이 경우에는 껍질 밑의 감칠맛을 즐기기 위해 가볍게 불에 굽는다. 불에 구워 고소함이 더해진 네타에 감귤류 등을 곁들여도 맛있다.

단촛밥과의 궁합이 최고인 섬세한 풍미
표면을 구우면 감칠맛은 더욱 깊어진다

데이터

쏨뱅이목 양볼락과
주요 산지
홋카이도 이남 바다에 널리 분포.

별명
가시라, 호고, 아라카부 등.

제철 시기 (월)
❶ ❷ ❸ ④ ⑤ ⑥ ⑦ ⑧ ⑨ ⑩ ⑪ ⑫

* 국내 경기 지역에서는 '삼식이' 라고도 부른다 .

포인트　체내 수정을 해서, 암컷 체내에서 알을 부화시킨 후 어린 물고기 상태로 낳는다.

아이나메 [あいなめ]

[쥐노래미 , Fat greenling]

진한 감칠맛과 지방의 단맛
쫄깃쫄깃한 식감도 좋다

➡ 데이터

쏨뱅이목 쥐노래미과

주요 산지
홋카이도, 아오모리현, 산리쿠(미야기현, 이와테현, 아오모리현의 해안) 지방, 이바라키현, 지바현, 가나가와현, 후쿠오카현 등.

별명
아부라메, 아부라코, 시주, 모이오, 모즈 등.

제철 시기 (월)
① ② ③ ④ ⑤ ⑥ ⑦ ⑧ ⑨ ⑩ ⑪ ⑫

➡ 포인트

파도가 밀려오는 얕은 연안에 서식. 산란기에 짝짓기를 하는데, 암컷이 바위 우묵한 곳에 알을 낳으면 수컷은 부화할 때까지 알을 소중히 지킨다.

일본 전역의 암초 지대에 서식한다. 기름을 바른 것 같이 윤기가 흐르는 표면 때문에 '아부라메(あぶらめ, 油女)'라고도 불린다. 표면 못지않게 살에도 지방이 많아 보기에도 반들반들하다. 예로부터 맛좋은 물고기로 유명하여, 은어에 뒤지지 않을 정도로 맛있다는 뜻에서 '鮎並'로 한자 표기를 하기도 한다. 히로시마현에서는 너무 맛있어서 자신도 모르게 농사에 사용할 볍씨까지 밥짓는데 써버린다고 하여 '모미다네 우시나이[**]'라고 부르기도 한다. 스시 네타로는 대표적인 여름 흰살 생선 중 하나이다. 흰살 생선답지 않은 진한 감칠맛과 지방의 단맛을 지니며, 혀끝에 남는 뒷맛이 일품이다. 쫄깃쫄깃한 혀의 감촉도 기분 좋다. 지방이 많아 신선도가 금방 떨어지는 것이 단점이다. 서식지가 광범위하기 때문에 지방에 따라 제철 시기가 조금씩 다르지만, 일반적으로는 봄에 가장 맛있다.

---

* 은어는 일본에서 '아유 (鮎)' 로 표기한다 . 따라서 '아이나메 (鮎並)' 는 은어와 대등하다는 의미이다 .
** 모미다네 (籾種 , 볍씨), 우시나이 (失 , 잃다) 로 볍씨를 잃는다는 뜻 .

무쓰 [むつ]

[게르치 , Gnomefish]

입안에서 지방이 자르르!
부드러운 식감도 맛있다!

➡ 데이터

농어목 게르치과

주요 산지
이즈반도, 이즈제도, 오가사와라제도, 지바현 조시, 고치현, 규슈.

별명
오키무쓰, 모쓰, 가라스, 히무쓰 등.

제철 시기 (월)

➡ 포인트

얕은 연안에 무리지어 사는 어린 소형어와 깊은 먼바다에 사는 대형 성어 두 가지가 있다. 소형어는 비교적 먹기 편한 가벼운 맛이고, 대형어는 진한 뒷맛이 있다.

같은 과의 구로무쓰와 생김새와 색이 매우 비슷하여 이 두 종류는 구별하지 않지만, 아카무쓰(눈볼대, p31)와는 구별하여, 구로무쓰와 무쓰를 함께 '구로무쓰'로 부르기도 한다. 예전에는 어획량이 많고 기름져 싸구려 생선으로 취급되었으나, 지금은 고급 흰살 생선으로 대우받는다. 엷은 분홍빛의 생선 살은 지방이 적당하여 반질반질 윤이 난다. 어린 소형어는 지방이 올라 있어도 풍미가 비교적 담백하여 부담 없이 먹을 수 있다. 반면 대형 성어는 지방이 많아 감칠맛이 진하다. 입에 넣으면 지방이 체온에 녹아 끈끈한 상태가 되고, 녹고 남은 부분이 쫀득쫀득한 식감을 주는 것이 재미있다. 식감이 부드러워, 단촛밥과 대비되는 씹는 맛도 일품이다. 뒷맛이 강해 먹은 후에는 뜨거운 차로 입을 헹군 후 다른 초밥을 먹는 것이 좋다.

하타 [はた]

[능성어 , Grouper]

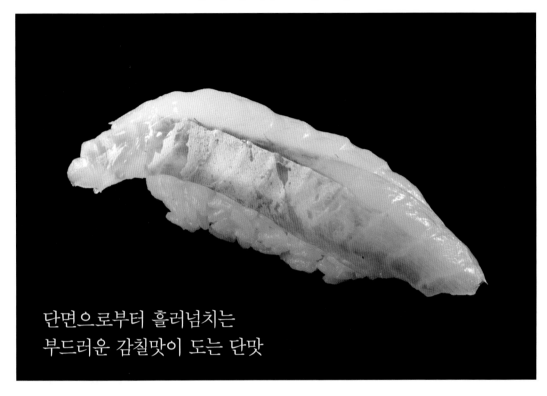

단면으로부터 흘러넘치는
부드러운 감칠맛이 도는 단맛

➜ 데이터

농어목 바리과

주요 산지
이즈제도, 오가사와라제도, 와카야마현, 고치현,
규슈 등.

별명
아라, 구에, 하타지로, 마스, 아마아라 등.

제철 시기 (월)
① ② ③ ④ ⑤ **⑥ ⑦ ⑧** ⑨ ⑩ ⑪ ⑫

➜ 포인트

얕은 암초 지대에 서식하며, 바릿과 어종 중 가장
북쪽 바다에까지 서식하는 어종이다.

몸길이 1m가 넘는 육식성 물고기이다. 자연산은
어획량이 극히 적어 최근에는 거의 찾아볼 수 없으
며, 시장에서 유통되는 것은 양식어이다. 양식어라
하더라도 가격이 비싸다는 점은 능성어가 맛있다
는 증거. 흰살 위로 분홍빛이 어렴풋이 감도는 반투
명한 살이 우아하다. 이러한 외형처럼 잡내가 없으
며, 부드러운 감칠맛이 도는 단맛이 난다. 이케시메
(p123)하기 때문에 식감도 좋다. 베어 물기 편할 정
도로 식감이 부드러우면서도, 쫄깃하게 씹히는 맛
도 있어 만족도가 매우 높다. 능성어를 취급하는 스
시집은 많지 않지만 그 감칠맛은 광어 이상이라는
평가도 많다. 같은 바릿과 흰살 생선 중 다금바리(아
라)가 있지만 서일본에서는 능성어(마하타)나 자바
리(쿠에)를 다금바리로 부르는 경우가 많다. 혼동하
지 않도록 주의해야 한다.

표준 일본 이름
이사키

이사키 [いさき]　　[벤자리 , Chicken grunt]

에도 시대부터 도쿄만에서 잡히는 물고기이다. 지금도 도쿄만 근방의 우치보 지방이나 미우라반도 등에서 어획된다. 어린 새끼의 몸 표면에는 세 줄의 폭이 넓은 세로줄 무늬가 선명한데, 이 모양이 멧돼지 새끼와 비슷하다고 해서 '우린보우(새끼멧돼지)'라 부르기도 한다. 흰색과 분홍색이 예쁘게 어우러진 살은 지방이 올라 단맛이 난다. 해안가 물고기 특유의 맛이 악센트이다. 단촛밥과 함께 먹으면 식초의 신맛으로 지방의 단맛이 더욱 두드러지며 감칠맛이 배가된다. 탄력이 넘치는 식감도 훌륭하다. 특히 장마철에 지방이 가장 많이 올라, 6~7월에 잡힌 벤자리는 '장마 벤자리(つゆイサキ)'라 부르며 귀하게 여긴다.

탄력 있는 식감과 단맛 !
산뜻한 풍미는 여름 최고의 별미 !

● 데이터

농어목 하스돔과
주요 산지

이즈제도, 미에현, 야마구치현, 고치현, 후쿠오카현, 나가사키현 등.

별명
이사기, 잇사키, 에사키, 가지야코로시 등.

제철 시기 (월)
① ② ③ ④ ⑤ ⑥ ⑦ ⑧ ⑨ ⑩ ⑪ ⑫

● 포인트　몸길이가 50cm 가까이 되는 큰 것은 최고급품이다. 최근에는 시코쿠나 규슈의 여러 현에서 양식된다.

표준 일본 이름
메바루

메바루 [めばる]　　[볼락 , Japanese rockfish]

일본 근해의 해안가 등에 서식하는, 슈퍼마켓에서도 흔히 볼 수 있는 친근한 물고기이다. 깔끔하고 잡내가 없는 고급스러운 풍미는 일반적으로 생각하는 흰살 생선의 이미지 그 자체이다. 단단한 살은 적당한 탄력이 있으면서 혀끝의 감촉도 매끄럽다.

겨울에서부터 봄에 걸쳐 지방이 올라 단맛이 강해지는데, 단촛밥과도 잘 어울려 스시로 먹으면 더욱 맛있다. 참돔을 연상시키는 풍미도 볼락의 인기 비결 중 하나이다. 분홍빛 도는 거무스름한 붉은색도 아름다워 보기에 좋다. 쓰키지 시장*에서는 색이 검은 본래의 볼락을 '구로메바루', 색이 붉은 불볼락을 '메바루'라고 부른다.

외관이 예쁘고 먹기에도 부담 없다
대중에게 친근한 대표적인 물고기

● 데이터

쏨뱅이목 양볼락과
주요 산지

이세만, 세토내해, 동해 서부 등 일본 각지의 연안.

별명
긴메바루, 구로메바루, 하치메, 메바치, 아카메바루 등.

제철 시기 (월)
① ② ③ ④ ⑤ ⑥ ⑦ ⑧ ⑨ ⑩ ⑪ ⑫

* 築地市場 , 도쿄에 위치한 일본 최대의 수산시장 .

● 포인트　기온이 따뜻해지는 3월 무렵에 제철을 맞이하므로, '봄을 알리는 물고기'로 불리기도 한다.

긴키 [きんき]

[홍살치 , Broadbanded thornyhead]

뽀얀 살로부터 지방의 단맛이
스르르 녹아내린다

➡ 데이터

쏨뱅이목 양볼락과

주요 산지
홋카이도, 미야기현, 이와테현, 아오모리현, 이바라키현 등.

별명
기치지, 긴킨, 멘메, 메이메이센 등.

제철 시기 (월)
1 2 3 4 5 6 7 8 9 10 11 12

➡ 포인트

몸통이 붉은 물고기로 유명한데, 이것은 새우류를 주식으로 먹기 때문이라고 한다.

지금은 일반적으로 부르는 명칭인 긴키는 원래 홋카이도에서 부르던 이름이고, 표준 일본 이름인 기치지는 원래 미야기현에서 부르던 이름이다. 200~500m의 깊은 바다에서 서식하는 심해어로, 예전에는 어묵의 원료로 사용하는 등 일상에서 쉽게 접하던 생선이었지만, 최근에는 고급식당이 아니면 볼 수 없는 최고급 생선이 되었다.

홋카이도의 아바시리에는 물고기에 상처를 내지 않는 연승어법*으로 어획한 홍살치로 만든 '쓰리긴키'라는 브랜드도 있다. 전체적으로 지방이 섞여 있어 뽀얀 색을 띠는 살은, 입안 가득 먹으면 스르르 지방이 녹아나와 굉장한 단맛의 풍미를 즐길 수 있다. 껍질 아래의 젤라틴도 쫀득쫀득하다. 단촛밥과 맛있게 어우러지며 최상의 하모니를 이루는 스시 네타이다. 섬유질의 살은 식감도 재미있고, 입안 전체에서 감칠맛을 느낄 수 있다.

* 한 가닥의 기다란 줄에 일정 간격으로 낚싯줄을 달아 물고기를 잡는 것 .

붉은살

흰살 ◀

등푸른생선

새우, 게

오징어, 문어

조개

생선알

기타

부다이 [ぶだい]

[비늘돔 , **Parrotfish**]

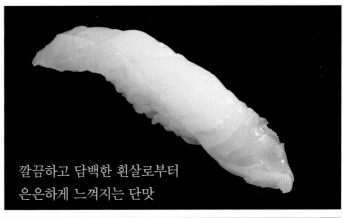

깔끔하고 담백한 흰살로부터
은은하게 느껴지는 단맛

타원형의 몸과 동그란 얼굴이 유머러스하다. 몸길이는 약 *40cm*까지 자라며, 수컷은 약간 푸르스름하고 암컷은 약간 불그스름한 것이 특징이다. 얕은 바다 암초 지역에 서식하면서 해초와 작은 동물을 잡아먹는다. 이즈반도 등에서는 일반적으로 먹을 수 있는 건어물이 인기이다. 해안가 물고기는 주요 먹이인 해초 때문에 특유의 바다 비린내가 나는데, 겨울에는 이 냄새가 빠지며 먹기 좋게 되기 때문에 겨울이 제철이다. 살은 담백하면서 은은하게 단맛이 느껴지는 정도이고, 낭창낭창한 탄력으로 식감이 좋아 베어 물때의 감촉도 훌륭하다. 껍질을 남겨서 스시를 만들면 풍미가 더욱 깊어진다.

● 데이터

농어목 비늘돔과
주요 산지
가나가와현, 시즈오카현, 가고시마현, 오키나와현, 오가사와라제도 등.

별명
가시카메, 이가미, 모하미 등.

제철 시기 (월)
① ② ③ ④ ⑤ ⑥ ⑦ ⑧ ⑨ ⑩ ⑪ ⑫

● 포인트
오키나와에서는, 일반적으로 먹는 이라부차(파랑비늘돔)와 구분하여 아카에라라부차로 부르기도 한다.

다라 [たら]

[대구 , **Pacific cod**]

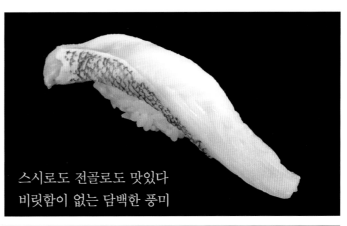

스시로도 전골로도 맛있다
비릿함이 없는 담백한 풍미

북반구 차가운 바다에 광범위하게 서식한다. 일본 근해에 대구류 어종으로는 대구(다라), 명태(스케토우다라), 빨간대구(고마이) 등이 분포하는데, 주로 대구를 '다라'라고 부른다. 1m 이상 자라는 대형 물고기로 커다란 입이 특징이다. 부드러우면서 지방이 적은 살은 튀김이나 찌개 등으로 다양하게 먹을 수 있는데 그중에서도 특히 이리(시라코)라 불리는 수컷의 정소(精巢)는 최고급 식자재이다. 이리로 만든 군함말이는 스르르 녹는 식감과 진한 감칠맛을 즐길 수 있다. 단, 쉽게 상하므로 산지 부근에서 먹는 것이 좋다. 일본의 '명란젓(다라코)'에는 주로 명태의 난소가 사용된다.

● 데이터

대구목 대구과
주요 산지
홋카이도, 아오모리현 등.

별명
–

제철 시기 (월)
① ② ③ ④ ⑤ ⑥ ⑦ ⑧ ⑨ ⑩ ⑪ ⑫

● 포인트
간은 간유 만드는데 사용하는 것 외에, 국가에 따라 위나 혀도 먹는 등 모든 부위를 식자재로 이용한다.

후구 [ふぐ]　　　[복어 , **Pufferfish**]

산뜻하고 고급스러운 풍미와
독특한 식감에 사로잡힌다

자주복(도라후구)은 일본에서 식용으로 인정받은 참복과 물고기 17종류 중 가장 맛이 좋은 대형 복어이다. 오래전부터 양식해왔으며, 지금은 나가사키현에서 많이 기른다. 또한 중국과 한국에서 일본으로의 수입도 많다. 복어 대부분이 맹독인 테트로도톡신을 피부 등에도 지닌 반면, 자주복은 힘줄, 정소, 피부도 먹을 수 있는 희귀한 품종이다.

특유의 식감과 산뜻한 감칠맛, 고급스러운 뒷맛 등 그야말로 최고급 생선의 풍미가 바로 여기에 있다! 사진은 모미지오로시와 폰즈소스를 고명으로 사용하여, 간장을 찍지 않고 먹는 스타일이다.

● 데이터

복어목 참복과
주요 산지

도야마현, 이시카와현, 가가와현, 에히메현, 야마구치현, 후쿠오카현, 나가사키현 등.

별명

시로, 혼후구, 마후구, 다이마루, 오부쿠, 몬후구 등.

제철 시기 (월)

① ② ③ ④ ⑤ ⑥ ⑦ ⑧ ⑨ ⑩ ⑪ ⑫

→ 포인트
오사카에서는 '뎃포우(鉄砲)', 규슈에서는 '간바(棺)'라 불리는데, 양쪽 모두 독에 중독되면 죽음에 이르기 때문에 생긴 말이다.

핫카쿠 [はっかく]　　[날개줄고기 , **Sailfin poacher**]

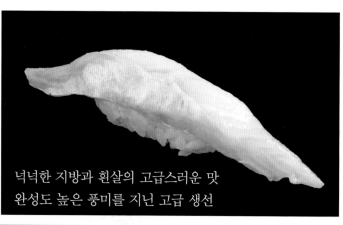

넉넉한 지방과 흰살의 고급스러운 맛
완성도 높은 풍미를 지닌 고급 생선

단단한 골질판으로 덮인 각진 체형이며, 쏨뱅이목 특유의 우락부락한 생김새가 특징이다. '핫카쿠'라는 독특한 이름은 가로 단면이 팔각형인 데서 유래했으며', 표준 일본 이름인 도쿠비레는 수컷의 지느러미(히레)가 몸길이에 비해 매우 큰 것에서 유래했다. 하지만 이런 괴기스러운 생김새와는 다르게 흰살은 고급스러운 풍미를 지녔다. 지방이 듬뿍 오른 진한 맛의 쫄깃쫄깃한 살이 지방의 단맛과 절묘한 균형을 이루는 것도 인기 비결 중 하나이다. 수요에 비해, 몸길이가 약 50㎝ 정도로 그다지 크지 않으면서 흰살 부분도 많지 않아 고급 스시 네타로 통한다.

● 데이터

쏨뱅이목 날개줄고기과
주요 산지

홋카이도, 도호쿠 지방 등.

별명

핫쓰쿠, 와카마쓰, 가가라미, 소비요 등.

제철 시기 (월)

① ② ③ ④ ⑤ ⑥ ⑦ ⑧ ⑨ ⑩ ⑪ ⑫

*8각 (八角) 의 일본어 발음도 핫카쿠이다.

→ 포인트
암컷은 수컷보다 작고, 지느러미도 크지 않다. 수컷만을 '핫카쿠'라 부르기도 한다.

③

HIKARIMONO

히카리모노 (등푸른 생선)

껍질이 푸르스름하게 빛나는 물고기의 총칭.
초절임하는 등 번거로운 수고가 필요하지만
그런 만큼 장인의 개성이 잘 드러난다.
이 스시의 맛을 칭송한다면 장인도 기뻐할 것이다.

표준 일본 이름
고노시로

고하다 [こはだ]

[전어 , **Threadfin shad**]

에도 시대부터 사랑받아온 에도마에 스시의 대표 생선이다. 전어는 연안에서 서식하는 작은 물고기로 몸길이에 따라 이름이 바뀐다. '고하다'는 몸길이 10~14㎝ 정도의 크기이며 이보다 크면 '나카즈미', 더 크면 '고노시로'로 이름이 바뀐다. 살이 부드러우면서 쉽게 상하기 때문에, 신선할 때 식초나 소금으로 절여놓는다. 계절 또는 지방이 오른 상태 등에 따라 소금의 양을 가감하거나 식초에 절이는 시간이 달라지기 때문에 장인의 실력이 발휘될 기회가 된다. 정통 방식으로 스시를 만들기도 있지만 사진과 같이 장식용 칼집을 넣는 경우도 있다. 가을이 제철이지만 산지를 겹치지 않게 바꿔 간다면 일 년 내내 먹을 수 있다.

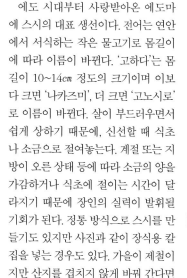

부드러운 살로부터
지방이 은은하게 배어 나온다

➡ 데이터

청어목 청어과

주요 산지

구마모토현, 아이치현, 오사카부, 사가현, 지바현 등.

별명

신코→고하다→나카즈미→고노시로로 성장함에 따라 이름이 바뀐다.

제철 시기 (월)

① ② ③ ④ ⑤ ⑥ ⑦ ⑧ ⑨ ⑩ ⑪ ⑫

➡ 포인트 먹는 지역과 먹지 않는 지역이 뚜렷이 갈린다. 에도마에 스시에서 전어가 메인으로 취급받는 것이 이상하다고 느껴질 정도이다.

표준 일본 이름
고노시로

신코 [しんこ]

[새끼전어 , **Shinko**]

몸길이에 따라 이름이 바뀌는 전어 중에서도 가장 작은 치어를 신코라 부른다. 몸길이는 4~10㎝. 대부분 태어난 지 얼마 안 된 새끼여서, 살이 부드럽고 입에 넣으면 스르르 녹아내리듯 흐트러진다. 단맛 가운데 등푸른 생선다운 산미가 은은하게 느껴지는 스시 네타이다. 금방 자라면서 고하다 크기가 되기 때문에 스시 네타로 등장하는 시기는 7월 중순부터 8월까지로 짧다. 이런 까닭에 가격이 비싼 스시 네타고, 초여름 첫물의 가격은 어시장에서도 커다란 관심사이다.

스시 한 점에 신코 세 조각을 사용하는 것이 에도마에 스시의 기본형이다.

입안에서 부드럽게 흐트러지며
단맛과 은은한 산미가 전해진다

➡ 데이터

청어목 청어과

주요 산지

규슈 지방, 아이치현, 지바현 등.

별명

신코→고하다→나카즈미→고노시로로 성장함에 따라 이름이 바뀐다.

제철 시기 (월)

① ② ③ ④ ⑤ ⑥ ⑦ ⑧ ⑨ ⑩ ⑪ ⑫

* '이 성 (this castle)' 을 뜻하는 'この城' 의 일본어 발음도 고노시로이다.

➡ 포인트 에도 시대, 무사들은 고노시로(전어)가 자신들이 지키는 '이 성*'으로 통한다고 하여 먹지 않았다고 한다.

기스 [きす]

[보리멸 , Japanese sillago]

맛이 세지는 않지만 , 너무 담백하기만
한 것도 아닌 섬세한 감칠맛을 즐길 수 있다

➲ 데이터

농어목 보리멸과

주요 산지
가나가와현, 시즈오카현, 아이치현, 세토내해, 규슈 등.

별명
기스고, 기쓰고, 아카기스 등.

제철 시기 (월)
① ② ③ ④ ⑤ ⑥ ⑦ ⑧ ⑨ ⑩ ⑪ ⑫

➲ 포인트

작은 물고기여서, 몸을 가른 후 그 절반으로 스시한 점을 만든다. 최근에는 생으로 먹는 고급스시 재료로 대우받는다.

일본 각지의 비교적 얕은 모랫바닥에 서식한다. 도쿄만에서는 옛날 오래전부터 잡히던 작은 물고기이다. 튀김 등 고급요리점의 식자재로 많이 사용되어, 시장에서는 비싼 가격에 거래된다. 비교적 낚기도 쉬워, 낚시꾼들에게 인기가 높다. 모래사장에서 던질낚시를 하거나 낚싯배에서 한 마리씩 잡으며 낚시를 즐길 수 있다. 도쿄만에서는 지금도 어획되어, 에도마에 스시가 탄생할 당시부터 지금까지 계속 사용되는 에도마에 스시의 현역 네타 중 하나이다.

일본 각지에서 잡히긴 하지만 어획량이 충분치 않아 동남아시아나 남반구 지역으로부터 수입하기도 한다. 신선할수록 투명한 살은 보기에도 매우 아름답다. 고급스러운 풍미를 지녀, 입안에서 단촛밥에 밀리지 않을 정도로 짙은 감칠맛이 퍼진다. 에도시대에는 식초에 절여 먹었다.

시마아지 [しまあじ]

[흑점줄전갱이 , White trevally]

순하고 부드러운 단맛이 입안에 퍼진다
전갱이 종류 중 가장 맛있다 !

➡ 데이터

농어목 전갱이과

주요 산지
지바현, 이즈제도, 오가사와라제도, 고치현, 규슈
등.

별명
히라아지, 고세, 고세아지, 시마이사기 등.

제철 시기 (월)
① ② ③ ④ ⑤ ❻ ❼ ❽ ⑨ ⑩ ⑪ ⑫

➡ 포인트

전갱이과의 양식어(흑점줄전갱이, 잿방어, 방어) 중 가
격이 가장 비싸다. 양식어인데 이처럼 가격이 비싼
물고기는 흔치 않다.

간토 지방 이남의 따뜻한 바다에 서식한다. 이즈
제도 등 섬 주변에 많이 서식하기 때문에 이름이 '시
마아지'이다. 다 자라면 무게가 10kg이 넘는다. 하
지만 맛이 좋은 것은 다 자라기 전인 중형과 소형 물
고기이다. 전갱이과에서 가장 맛이 좋다고 알려져,
여름철 스시 네타 중 없어서는 안 될 생선이다. 시코
쿠와 규슈에서 양식이 이루어지고, 뉴질랜드 등지
로부터는 자연산이 수입된다. 은색 껍질과 우윳빛
살이 아름다운 스시는 진하지 않은 부드러운 단맛
이 특징이다. 지방도 훌륭하며, 전갱이류 특유의 향
기를 지닌 감칠맛을 즐길 수 있다. 특히 자연산은 맛
과 향의 균형이 절묘하다. 겉보기에도 아름다워 한
점의 예술품을 보는 듯한 스시이다. 흑점줄전갱이
는 등 부분의 은색 껍질을 남겨놓으면 등푸른 생선,
껍질을 제거하면 흰살 생선으로 취급되는데, 사진
은 껍질을 남겨놓은 등푸른 생선 스시이다.

---

* 시마아지 중 '시마' 의 한자는 원래 '縞 (명주 (호))' 이나, '島 (섬 (도))' 의 발
음도 시마이다 .

아지 [あじ]

[전갱이 , Japanese horse mackerel]

비린내가 없어 편하게 먹을 수 있는 맛
고명을 첨가하면 감칠맛이 더욱 두드러진다

➔ 데이터

농어목 전갱이과

주요 산지
나가사키현, 산인(주고쿠 지방의 동해 측) 지방, 에히
메현, 후쿠오카현, 야마구치현, 가고시마현 등.

별명
구로아지, 기아지, 혼아지 등.

제철 시기 (월)
① ② ③ ④ ⑤ ⑥ ⑦ ⑧ ⑨ ⑩ ⑪ ⑫

➔ 포인트

이름의 유래에는 여러 가지가 있지만, 그 자체로
정곡을 찌르는, '맛*이 좋아서'란 설이 가장 유력할
듯하다.

일본 연안에서 흔히 볼 수 있는 대중적인 물고기
이다. 먼바다를 회유하는 검은빛의 가늘고 긴 종류
와, 비교적 얕은 연안에 서식하는 황색의 둥그스름
한 종류가 있다. 덧붙이자면 검은 종류를 구로아지,
황색 종류를 기아지라 부르는데, 기아지 쪽이 지방
이 많고 어획량이 적어 구로아지보다 더 비싼 가격
에 거래된다. 전갱이는 옛날부터 친숙하게 즐겨온
대표적인 등푸른 생선이다. 예전에는 식초에 절인
것으로 스시를 만들었으나 고도성장기 이후에는 생
것 그대로를 더 일반적으로 사용한다. 일본 전국에
전갱이 제품 브랜드가 존재하는데, 고급 브랜드로
알려진 오이타현 사가노세키의 '세키아지', 참치 뱃
살 같은 지방이 특징인 시마네현 하마다시의 '돈칫
치아지' 등이 있다. 등푸른 생선 중에서는 비교적 비
린내가 없으며, 생강 등 고명과 함께 먹으면 특유의
감칠맛이 더욱 도드라져 마음껏 즐길 수 있다.

---

* 아지에는 '맛 (味)' 이란 뜻이 있다.

표준 일본 이름
마이와시

이와시 [いわし]

[정어리 , Sardine]

단맛과 등푸른 생선 특유의 풍미를
한꺼번에 즐길 수 있어 일거양득

➡ 데이터

청어목 청어과

주요 산지
이바라키현, 지바현, 시즈오카현, 아오모리현, 미에현, 후쿠시마현 등.

별명
나나쓰보시, 슈바이와시, 오바이와시 등.

제철 시기 (월)
① ② ③ ④ ⑤ ⑥ ⑦ ⑧ ⑨ ⑩ ⑪ ⑫

➡ 포인트
무리지어 다니며 뛰어난 집단행동을 보여준다. 정어리 무리를 간판으로 내세운 수족관도 있다.

플랑크톤이 주식인, 참치나 청새치의 먹이가 되는 작은 물고기. 옛날부터 매우 친밀한 물고기이며, 건어물이나 니보시*로 가공하는 등 다양한 방법으로 먹는다. 한자로 물고기 부수에 약하다는 한자를 붙여 표기할 정도로** 섬세하고 예민하여, 어획하면 바로 죽어버린다. 따라서 신선도가 매우 빨리 떨어지는 것이 특징이다. 이처럼 빨리 상하기 때문에 예전에는 산지에서만 생으로 먹을 수 있었고, 다른 지역에서는 주로 열을 가하는 요리에 사용하였다. 지금은 유통기술이 발달한 덕분에 도심지에서도 회 등 생으로 먹을 수가 있다. 장마의 시작과 함께 맛이 좋아지며, 껍질 밑으로 지방이 듬뿍 차오르면 살살 녹는 황홀한 풍미를 맛볼 수 있다. 지방이 진하긴 하지만 끈적거리지 않으면서 맛이 풍부하다고 할까. 물론 등푸른 생선 특유의 풍미도 즐길 수 있다.

* 煮干し , 삶은 후 말린 정어리, 주로 육수 국물을 만드는데 사용한다.
** 정어리를 뜻하는 한자 '鰯' 는 '魚 (물고기 (어))' 부수에 '弱 (약하다 (약))' 이 붙어 이루어졌다.

표준 일본 이름
마사바

시메사바 [しめさば] [고등어 초절임 , Shimesaba]

일본 주변 바다에서 먼 거리를 회유하는 종류와 비교적 좁은 지역을 회유하는 종류가 있는데, 일반적으로는 후자 쪽이 맛있다. 육질이 붉은 살이면서 부드럽고 지방도 많다. '고등어는 살아서도 부패한다'는 말이 있을 정도로 쉽게 상하는 것이 특징이다. 신선도가 떨어지면 지방의 맛이 없어지며 전체적으로 맛이 나빠지기 때문에, 옛날에는 굽거나 삶거나 초절임하여 먹는 방법이 일반적이었다. 지금은 생으로도 먹을 수 있지만, 식초에 숙성시켜 먹는 방법이 단맛을 늘리고 식감을 좋게 하며 고등어 본래의 감칠맛을 증가시키기 때문에, 최근까지도 선호된다.

식초의 향과 산미가 고등어의 감칠맛을 한껏 끌어 올린다

●➡ 데이터

농어목 고등어과
주요 산지
나가사키현, 시마네현, 시즈오카현, 이바라키현, 미에현, 지바현 등.

별명
혼사바, 히라사바 등.

제철 시기 (월)
① ② ③ ④ ⑤ ⑥ ⑦ ⑧ ❾ ❿ ⓫ ⓬

➡ **포인트** 고등어는 된장 고등어, 삶은 고등어 등의 통조림도 다양하다. 최근에는 건강에 좋다고 하여 고등어 통조림을 먹는 사람들이 늘고 있다고 한다.

표준 일본 이름
마사바

나마사바 [生さば] [생고등어 , Chub mackerel]

신선도가 바로 떨어지며 쉽게 상하기 때문에 대부분 초절임으로 먹었던 고등어. 하지만 80년대에 오이타현 사가노세키에서 '세키사바'란 브랜드로 이케시메(P123)하여 출하하기 시작하면서, 생고등어의 맛을 전국에 알렸다. 지금은 일본 각지에서 양식어와 신선하게 처리된 고등어가 등장하여, 고등어 산지 이외에서도 생고등어 스시를 즐길 수 있게 되었다. 일본 각지에 브랜드 상품이 있는데, 앞서 언급한 '세키사바' 뿐 아니라 에히메현 사다미사키의 '하나사바', 가나가와현 마쓰네의 '마쓰네사바' 등이 유명하다. 가을부터 겨울이 제철이며, 특히 양식 고등어는 진한 풍미를 지닌다.

제철인 겨울에는 지방이 듬뿍 ! 걸쭉하면서 진한 단맛

●➡ 데이터

농어목 고등어과
주요 산지
나가사키현, 시마네현, 시즈오카현, 이바라키현, 미에현, 지바현 등.

별명
혼사바, 히라사바 등.

제철 시기 (월)
❶ ② ③ ④ ⑤ ⑥ ⑦ ⑧ ❾ ❿ ⓫ ⓬

➡ **포인트** 옛날에는 후쿠이현 오바마로부터 교토까지 많은 고등어가 육로로 운송되었다. 이 운송로는 고등어 가도(鯖街道)라 불리며 지금까지도 사랑받는다.

산마 [さんま]

[꽁치 , Pacific saury]

지방이 듬뿍 오른 가을 꽁치는
탱탱한 식감이 최고 !

➡ 데이터

동갈치목 꽁치과

주요 산지
홋카이도, 미야기현, 후쿠시마현, 이와테현, 지바현, 도야마현, 아오모리현 등.

별명
사이라, 세이라 등.

제철 시기 (월)
① ② ③ ④ ⑤ ⑥ ⑦ ⑧ ❾ ❿ ⓫ ⑫

➡ 포인트

만담 '메구로의 꽁치*'를 기념하는 꽁치 축제가 두 가지 있는데, 매년 도쿄의 메구로역 주변에서 개최된다.

등은 푸른색이고 배는 화려한 은색인 전형적인 등푸른 생선의 생김새이다. 가늘고 긴 모습이 칼과 비슷하고 가을에 많이 어획되기 때문에 '秋刀魚(가을의 칼물고기, 일본어로 산마)'라는 한자 이름이 붙었다고 한다. 봄부터 여름에 걸쳐 성장하면서 북상하여 홋카이도 남쪽에까지 이르렀다가, 가을이 되면 다시 남하한다. 그 길에 먹이를 듬뿍 먹으면서 살에는 지방이 오르게 된다. 지방이 오른 상태가 꽁치의 맛을 결정한다고 알려져 있듯이, 통통하게 살쪄서 남하한 꽁치의 맛은 일품이다. 여름 무렵에 비하면 지방층이 두꺼워져, 대뱃살과 같은 식감을 즐길 수 있다. 등푸른 생선 특유의 냄새가 있지만, 생강 등과 함께 먹으면 냄새는 없어지고 풍미는 더욱 도드라져 꽁치 본연의 맛을 즐길 수 있다. 스시뿐 아니라 다양한 요리로 많은 서민에게 사랑받는 가을의 풍물시이다.

* 메구로 지역을 지나던 영주가 서민 음식인 꽁치를 먹고 그 맛에 반해 , 꽁치요리를 다시 찾으며 일어나는 해프닝을 그린 만담 .

니신 [にしん]　　[청어 , Pacific herring]

청어는 홋카이도 특산품으로 유명하다. 청어보다는 청어알로 만든 가즈노코(p85)를 더 널리 먹긴 하지만, 스시 네타로서도 홋카이도산 지역 특산 중 인기가 높다. 청어의 맛이 서서히 홋카이도 이외 지역에서도 인기를 끌며, 먹는 지역이 점점 넓어지고 있다. 등푸른 생선 특유의 냄새를 지닌 감칠맛이지만, 등푸른 생선 중에서는 비교적 담백하여 먹기에 거부감이 없다. 쉽게 상하기 때문에 초절임으로 스시를 만드는 경우가 많아, 신선한 생것으로 만든 스시는 각별하다. 제철은 가을부터 봄. 봄이 되면 지방이 듬뿍 오르며 농후해진다. 사진은 생강과 산파를 올려 거부감 없이 먹을 수 있도록 만든 스시이다.

진한 단맛 가운데 느껴지는 어렴풋한
바다 냄새가 절묘한 악센트

▶ 데이터

청어목 청어과
주요 산지
홋카이도.

별명
가도, 가도이와시, 하나구로 등.

제철 시기 (월)
① ② ③ ④ ⑤ ⑥ ⑦ ⑧ ⑨ ⑩ ⑪ ⑫

➡ 포인트　강렬한 냄새로 유명한 북유럽의 통조림 '수르스트뢰밍'은 청어의 살을 발효시킨 음식이다.

사와라 [さわら] [삼치 , Japanese Spanish mackerel]

전갱이나 고등어를 잡아먹는, 몸길이가 1m 이상인 육식성 물고기. 성장하며 몸길이가 커짐에 따라 이름이 바뀌는데, 70㎝ 이상을 '사와라'라고 부른다. 이름의 유래는 몸이 가늘고 길어, '狹腹(가느다란 배, 일본어로 사와라)'라고 부르게 되었다고 한다. 세토내해 연안에서는 손으로 쥐어 만드는 스시가 생기기 이전, 판으로 눌러 만드는 오시즈시(P98)나 단촛밥 위에 어패류를 흩뿌리는 지라시스시(P109) 등에 사용해왔다. 또한 간사이 지방에서도 일반적으로 사용하는 스시 네타이다. 부드럽고 담백하며 비리지 않은 맛 덕분에 식당에 따라서는 참치보다도 인기가 높다. 이런 까닭에 가격이 비싸지만, 몸길이 50㎝ 이하인 '사고시'라면 저렴한 가격으로 먹을 수 있다.

제철인 겨울에는 살살 녹는 식감
중뱃살에 필적하는 맛

▶ 데이터

농어목 고등어과
주요 산지
동해, 세토내해 주변.

별명
몸길이에 따라 사고시→야나기→사와라로
이름이 바뀐다.

제철 시기 (월)
① ② ③ ④ ⑤ ⑥ ⑦ ⑧ ⑨ ⑩ ⑪ ⑫

* 西京味噌 , 교토 및 간사이 지방에서 널리 사용하는 염분이 낮고 달콤한 담황색 된장의 총칭 .

➡ 포인트　서일본에서는 사이쿄된장*을 사용한 사이쿄야키(西京燒き)나 다쓰타아게(竜田揚げ)등으로 만들어 먹는다.

사요리 [さより]

[학꽁치 , **Halfbeak**]

담백해 보이는 생김새와는 정반대인
강한 감칠맛과 적당히 쓴맛

붉은 살

흰 살

등 푸른 생선 ▶

새 우, 게

오 징 어, 문 어

조 개

생 선 알

기 타

➡ 데이터

동갈치목 학꽁치과

주요 산지
규슈, 이세만, 미카와만, 세토내해, 도야마만 등 다수.

별명
하리우오, 스즈, 크기가 큰 것은 '간누키'라 부르기도 한다.

제철 시기 (월)
① ② ❸ ❹ ❺ ⑥ ⑦ ⑧ ⑨ ⑩ ⑪ ⑫

➡ 포인트

사진 속 두 점은, 가늘고 긴 몸을 문양을 짜 넣듯이 만든 것과, 한 바퀴 돌려 묶은 듯한 모양의 스시이다.

호리호리하게 긴 은백색 물고기로, 가늘고 길게 돌출된 아래턱이 특징이다. 이 아래턱으로 작은 갑각류 등을 떠내어 먹으면서 헤엄친다. 어획량이 많은 봄이 제철이지만, 살이 단단해지는 겨울을 더 좋아하는 지방도 있다. 산란하기 직전의 대형 학꽁치는 '간누키'라고 부르며 귀하게 여긴다. 에도 사람들이 선호하는 예쁜 모양의 물고기여서 스시로도 아름답다. 학꽁치는 멋내기 쉬운 스시 네타여서, 몸을 가늘게 잘라 매듭 형태로 만들거나 껍질을 활용하기도 하면서, 여러 가지 형태로 스시를 정교하게 손질할 수 있다. 새하얀 살은 담백한 맛을 연상시키지만 실제로는 등푸른 생선 본래의 강한 감칠맛과 적당히 쓴맛을 지녔다. 이런 풍미를 살리기 위해 간장을 찍지 말고 깔끔하게 먹을 것을 권장한다. 사진은 모미지오로시, 폰즈소스, 파를 올려 만든 스시이다.

다치우오 [たちうお]　　[갈치 , Largehead hairtail]

다치우오(太刀魚)란 이름대로 몸통이 일본 칼의 칼날처럼 가늘고 길며 광채가 나는 물고기이다. 비늘이 없으며, 몸을 덮고 있는 것은 구아닌이라는 먹을 수 있는 물질이다. 일본열도에 널리 분포하며, 크기가 클수록 맛이 좋아 가격도 비싸진다. 대형 물고기일수록 지방이 올라 단맛이 나면서 단촛밥과의 궁합이 좋다. 뒷맛도 고급스럽다. 은색 껍질에도 맛이 있기 때문에, 껍질을 그대로 둔 것과 껍질을 벗긴 것은 맛이 서로 다르다. 사진은 몸통의 껍질 측 살을 불에 그슬려 만든 스시이다. 불에 그슬리면 표면의 지방이 녹아내려, 입 안에 넣었을 때 고소함과 지방의 단맛이 갈치 본래의 풍미에 더해져 향과 맛이 더욱 좋아진다.

단촛밥과 잘 어울리는 지방
불에 그슬리면 껍질의 감칠맛이 배가 된다.

● 데이터

농어목 갈치과

주요 산지

에히메현, 오이타현, 와카야마현, 히로시마현, 효고현, 도쿠시마현 등.

별명

가타나(칼), 사브르피시(서양칼 물고기) 등.

제철 시기 (월)

① ② ③ ④ ⑤ ⑥ ❼ ❽ ❾ ⑩ ⑪ ⑫

● 포인트　기본적으로는 여름이 제철이지만 산란기가 길어, 거의 일 년 내내 일본 각지에서 질 좋은 갈치가 잡힌다.

하타하타 [はたはた]　　[도루묵 , Sailfin sandfish]

아키타현은 옛날부터 도루묵의 산지여서, 도루묵은 현의 물고기로 지정되어 있다. 비교적 차가운 바다의 깊은 모랫바닥에서 서식하지만, 산란기가 되면 얕은 연안으로 이동한다. 서식지 가까이에 산란장으로 알맞은 장소가 있는 곳이 아키타현이다. 오래전부터 기다랗게 생긴 봉스시나 손으로 쥐어 만드는 일반 스시의 네타로 사용되어, 아키타현 사람들에게는 매우 친숙하다. 초절임으로 스시를 만드는 경우가 많은데 고급스러운 맛이 담백하다. 자꾸 먹고 싶어지는 딱 알맞은 정도의 단맛이다. 껍질은 다소 단단하지만 진한 감칠맛이 응축되어 있다. 난소는 '부리코'라 부르는데 진한 감칠맛을 지닌 끈적끈적한 식감이다. 부리코란 이름은 구워서 먹을 때 부리부리란 소리가 나기 때문이라고 한다.

담백하면서 고급스럽고 , 딱 알맞은
단맛이 또 먹고 싶은 여운을 남긴다

● 데이터

농어목 도루묵과

주요 산지

아키타현, 홋카이도, 돗토리현(별종이란 설도 있다).

별명

가미나리우오 등.

제철 시기 (월)

① ② ③ ❹ ⑤ ⑥ ⑦ ⑧ ⑨ ⑩ ⑪ ⑫

● 포인트　돗토리현에서도 도루묵이 잡히지만, 아키타현의 도루묵과는 다른 생선이라는 이야기가 있다.

표준 일본 이름
히라마사

히라마사 [ひらまさ] [부시리 , Yellowtail amberjack]
(흰살 생선)

● 데이터

농어목 전갱이과

주요 산지

지바현, 이즈제도, 오가사와라제도, 산인 지방, 야마구치현, 규슈 전역 등.

별명

히라스, 히라, 히라사, 마사 등.

제철 시기 (월)

① ② ③ ④ ⑤ **⑥ ⑦ ⑧** ⑨ ⑩ ⑪ ⑫

● 포인트

전체 길이가 2m 정도 되는 것도 있으나, 약 2~4kg 정도의 크기가 먹기에 적당하다. 이즈제도에서는 낚시터 민박집에서 큼직하게 썰어 주는 부시리 회가 명물이다.

적당히 오른 지방이
산뜻하면서 향기로운 감칠맛을 발산한다

생김새가 방어와 비슷하지만, 제철 시기도 서식지도 완전 반대이다. 따뜻한 바다에 서식하며 여름이 제철이다. 어획량도 방어보다 적어, 고급 생선으로 분류된다. 방어와 마찬가지로 에히메현이나 가가와현 등지에서는 양식도 이뤄진다. 낚시꾼들 사이에서는 한 번은 낚아 올리고 싶은 물고기로 동경할 정도로 인기가 있다. 회유어 특유의 적당한 바다향과 알맞게 오른 지방이 향기로운 감칠맛을 내며 입안에서 퍼진다. 일단 먹으면 한 번 더 먹고 싶어지는, 여운이 남는 맛이다.

표준 일본 이름
도비우오

도비우오 [とびうお] [날치 , Flying fish]
(등푸른 생선)

● 데이터

동갈치목 날치과

주요 산지

나가사키현, 시마네현, 미야기현 등.

별명

규슈나 동해 쪽에서는 '아고'라고 부르기도 한다.

제철 시기 (월)

① ② ③ ④ **⑤ ⑥ ⑦ ⑧** ⑨ ⑩ ⑪ ⑫

● 포인트

바다 위를 나는 원리는 글라이더와 똑같다. 활강할 때 보통 100m는 날 수 있다.

담백한 맛 가운데 느껴지는
등푸른 생선 특유의 강한 맛을 지닌 감칠맛

거대한 가슴지느러미로 바다 위를 활강하는 모습으로 유명하다. 초봄의 태안큰날치(하마토비우오), 초여름의 전력날치(쓰쿠시토비우오) 등 계절에 따라 유통되는 종류가 달라지지만 슈퍼마켓 등에서는 모두 '날치(도비우오)'라 부른다. 태안큰날치 외에는 비교적 저렴하여 회전스시 등에서 간편하게 즐길 수 있다. 생으로 스시를 만드는 경우가 많지만, 껍질을 불에 그슬리거나 초절임을 하는 등 여러 가지 방식으로 먹는다. 맛은 기본적으로 담백하지만 등푸른 생선 특유의 강한 맛을 지닌 감칠맛도 즐길 수 있다.

에비·가니 (새우·게)

독특한 단맛과 탱글탱글한 식감으로
남녀노소 모두에게 인기인 갑각류.
조금 가격이 비싼 편이지만
그만큼의 가치가 있는 맛!

보탄에비 [ぼたんえび]

[도화새우 , **Corn-stripe shrimp**]

알맞은 탄력과 짙은 단맛
톡톡 튀는 알의 식감도 최고

➜ 데이터

십각목 도화새우과

주요 산지
도야마만, 홋카이도의 훈카만, 루모이, 시리베시 등.

별명
오에비, 도라에비 등.

제철 시기 (월)

① ② ③ ④ ⑤ ⑥ ⑦ ⑧ ⑨ ⑩ ⑪ ⑫

➜ 포인트

단새우(북쪽분홍새우)와 마찬가지로 성장하면서 수 컷이 암컷으로 성전환한다.

표준 일본 이름인 도야마에비는 대표 산지인 도 야마만에서 따온 이름이다. 도야마 외에도 홋카이 도 훈카만 등지에서 많이 어획된다. 새우의 화려한 모습이 모란꽃을 연상시키기 때문에 훈카만 등지에 서는 보탄에비'라고 부른다. 일본산 외에도 알래스 카나 러시아로부터의 냉동 수입품도 유통된다. 크 고 굵은 체형의 이 새우는 생명력이 강해, 일본산은 살아 있는 그대로 간토 지방으로 입하되기도 한다.

짙은 단맛과 함께 딱 알맞은 탄력을 지녀, 식감만 으로도 즐겁다. 선명한 청록색의 알은 보기에 좋을 뿐 아니라 톡톡 튀는 식감으로 씹는 기분이 최고이 다. 사진에는 없지만 새우 머리도 함께 내놓는 경우 가 많은데, 이 경우에는 스시를 먹은 후 머리 부분의 육즙을 후루룩 마시면서 새우 한 마리를 통째로 맛 볼 수 있다.

* 牡丹 , 일본어 보탄은 모란을 가리킨다. 국내에선 '독도새우' 라고도 불린다 .

표준 일본 이름
구루마에비

구루마에비 [くるまえび]

[보리새우 , **Kuruma prawn**]

독특한 단맛의 향과 풍미
툭하고 베어 무는 즐거움 !

➜ 데이터

십각목 보리새우과

주요 산지
오키나와현, 에히메현, 오이타현, 아이치현, 후쿠
오카현, 구마모토현 등.

별명
마키, 사이마키, 오쿠루마 등.

제철 시기 (월)
① ② ③ ④ ⑤ ⑥ ⑦ ⑧ ⑨ ⑩ ⑪ ⑫

➜ 포인트

생으로 먹는 보리새우는 '오도리(踊り)'라고 부른
다. 새우 살의 투명도는 높지만 선명도는 다소 떨
어진다.

일본 전국 연안에 서식하는 새우이다. 자연산밖
에 없던 시절에는 매우 비쌌지만 양식을 시작한
1950년대 후반 이후에는, 여전히 다소 비싸더라도
서민들도 즐길 수 있을 정도로까지 가격이 저렴해
졌다. 오늘날 새우 스시라 하면, 대개 보리새우를
가리킨다. 현재 유통되는 보리새우 대부분은 양식
이다. 몸길이 5cm 이내의 것을 '사이마키', 10cm 정
도인 것을 '마키'라 부르는데, 스시에는 대부분 '마
키'를 사용한다.

정통 스시인 에도마에 스시에서는 삶은 새우로
스시를 만드는 것이 기본이다. 이때 모양을 잘 잡아
주기 위해 대나무 꼬치를 찔러 넣고, 넉넉한 양의 끓
는 물에 몸이 단단해지지 않을 정도로 삶는다. 그런
후에는 소금을 뿌리고 물로 씻은 후 식초에 담근다.
삶게 되면 단맛과 향이 증가하고 붉은색과 흰색의
줄무늬가 아름답게 도드러져, 모양이 화려해진다.

아마에비 [あまえび]

[단새우 , **Pink shrimp**]

끈적끈적한 단맛이
단촛밥과 상승효과를 일으킨다

➔ 데이터

십각목 도화새우과

주요 산지
홋카이도, 아키타현, 야마가타현, 니가타현, 도야마현, 이시카와현 등.

별명
아카에비, 난본에비, 고쇼에비 등.

제철 시기 (월)

① ② ③ ④ ⑤ ⑥ ⑦ ⑧ ⑨ ⑩ ⑪ ⑫

➔ 포인트

가격은 일본산이 비싸고 냉동 수입품은 저렴하다. 일본산 단새우는 고급스러운 단맛을 지니며, 알이 들어 있기도 한다.

태평양과 대서양에 서식하는 각각의 북쪽분홍새우(홋코쿠아카에비) 두 종류가 단새우로 불린다. 약 1,000m까지의 심해에 살며 산란은 2년에 한 번씩 하고, 산란 후에는 알을 배에 품어 보호한다. 일본에서는 홋카이도 서쪽 해안과 니가타현이 유명하며, 수입품은 러시아, 캐나다, 그린란드 산이 많다. 단새우가 유명해진 것은 1980년대로 비교적 역사가 짧다. 그 당시에는 산지에서만 스시 네타로 사용했었지만, 냉동품이 수입되며 저렴하게 단새우를 구매할 수 있게 되자 회전스시 등에서 인기를 끌었다. 스시 외에도 수입품은 튀김이나 샐러드 등으로도 사용되어, 회전스시의 창작 요리로 한몫하고 있다.

살은 그 이름처럼 끈적끈적한 단맛이며, 단촛밥의 단맛과 상승효과를 일으키며 깊은 감칠맛을 형성한다.

붉은살

흰살

등푸른 생선

새우, 게

오징어, 문어

조개

생선알

기타

사쿠라에비 [さくらえび]

[벚꽃새우 , Sakura shrimp]

생으로 먹으면 씹을수록 나오는
넘치는 감칠맛이 일품

➡ 데이터

십각목 젓새우과

주요 산지
스루가만.

별명
히카리에비 등.

제철 시기 (월)
① ② ③ ④ ⑤ ⑥ ⑦ ⑧ ⑨ ⑩ ⑪ ⑫

➡ 포인트

어획 시기가 봄과 가을로만 정해져 있기 때문에, 신선한 벚꽃새우를 먹고 싶다면 이 시기를 노려야 할 듯.

스루가만을 비롯한 도쿄만, 사가미만 등에 서식하는 작은 새우이다. 단, 일본에서는 스루가만에서만 어획할 수 있다. 반투명한 몸은 붉은 색소가 비치면서 옅은 분홍색으로 보인다. 이런 생김새 때문에 벚꽃새우란 이름이 붙었다. 생것은 물론이고 살짝 소금물에 데친 가마아게(釜揚げ), 튀김옷 없이 새우만 튀긴 스아게(素揚げ), 어패류, 야채 등과 함께 튀김옷을 입혀 튀긴 가키아게(かき揚げ) 등으로 만들어 먹는다. 말린 새우로도 널리 유통되어, 오코노미야키의 재료 등으로도 친숙하다.

스시는 군함말이로 만든다. 보통은 생것을 올리지만, 가마아게를 올리기도 하는 등 식당에 따라 다양하며, 벚꽃새우의 단맛이 두드러지도록 생강이나 와사비 등을 첨가하기도 한다. 생새우는 독특한 단맛과 탱글탱글한 식감을 지녔는데, 씹을수록 단촛밥과 섞여 어우러지며 감칠맛 나는 느낌이 즐겁다.

다라바가니 [たらばがに]

[왕게 , **Red king crab**]

깊은 감칠맛과 단맛에
사치스러운 기분이 든다

➜ 데이터

십각목 왕게과

주요 산지
홋카이도, 오호츠크해, 알래스카 연안 등.

별명
–

제철 시기 (월)
① ② ③ ④ ⑤ ⑥ ⑦ ⑧ ⑨ ⑩ ⑪ ⑫

➜ 포인트

생김새로는 다리가 8개지만, 실제는 10개이다. 2
개는 등딱지에 가려 보이지 않는다.

다리를 넓게 펼치면 1m 이상 되는 대형 게이다.
표준 일본 이름인 '다라바(鱈場)'는 다라(鱈, 대구)가
잡히는 바다란 뜻으로, 그 해역에서 많이 잡히면서
이런 이름이 붙었다. 현재는 개체수가 부족하여 암
컷의 어획은 금지되어 있다. 일본에서 유통되는 암
컷은 러시아 등에서 수입한 것이다. 수컷도 일본산
은 드물며 대부분이 외국산이다.

먹는 방법은 삶은 그대로 먹기도 하지만, 조림이
나 탕으로도 많이 먹는다. 풍미는 게 종류 중 최고
의 감칠맛과 단맛을 지녔으며, 근육이 발달하여 씹
는 맛도 제대로 즐길 수 있다. 생으로 먹어도 단맛
에는 변함이 없으면서 식감이 부드러워, 혀 위에서
녹는 듯하다. 스시를 만들 때는 단촛밥 위로 큼직하
고 시원스럽게 올려, 보는 즐거움도 누릴 수 있게
나오는 경우가 대부분이다. 사진은 삶은 왕게로 만
든 스시이지만, 생것을 네타로 올린 것이 최고급 스
시이다.

즈와이가니 [ずわいがに]

[대게 , Queen crab]

대게의 단맛은 예술!
낭창낭창해서 씹는 맛도 좋다

→ 데이터

십각목 물맞이게과

주요 산지

효고현, 돗토리현, 후쿠이현, 이시카와현, 시마네현, 니가타현, 홋카이도.

별명

에치젠가니, 마쓰바가니 (이상 수컷), 고우바코, 세이코 (이상 암컷) 등.

제철 시기 (월)

①②③④⑤⑥⑦⑧⑨⑩⑪⑫

→ 포인트

암컷은 수컷의 절반 정도 크기로밖에 자라지 않는다. 이것은 성숙해진 후에는 탈피를 하지 않기 때문이다. 살보다는 난소나 알을 먹는다.

동해와 태평양 차가운 수역의 깊은 바다에 서식한다. 이런저런 산지에서 유래하는 '에치젠(越前)가니'나 '마쓰바(松葉)가니' 등의 이름으로 알려져 있다. 이것들은 모두 수컷을 부르는 이름으로 암컷은 '고우바코' '세이코' 등으로 불린다. 예전에는 산지에서만 먹을 수 있는 스시 네타였지만 저렴한 수입게가 보급되면서 전국적으로 인기 있는 스시 네타가 되었다. 스시를 만들 때는 수컷의 다리 부분을 사용한다. 등딱지 아랫부분은 군함말이로 만들거나 샐러드로 사용하기도 한다. 육질은 탄력 있으면서 부드러워 씹는 맛이 일품이다. 섬유질 사이에서 배어 나오는 촉촉한 단맛이 단촛밥과 어우러지면, 참을 수 없을 정도로 맛있다. 사진은 커다란 다리살 두 조각을 합쳐서 김으로 두른 것이다. 한입에는 도저히 들어가지 않을 정도의 볼륨감이 대게의 매력 중 하나이다.

샤코 [しゃこ]

[갯가재 , **Edible mantis shrimp**]

부드럽고 풍만한 단맛 가운데
특유의 풍미가 얼굴을 내민다

➡ 데이터

구각목 갯가재과

주요 산지
세토내해, 아리아케해, 이세만, 미카와만, 이시카리만, 무쓰만.

별명
가사에비, 샤코에비, 가타에비 등.

제철 시기 (월)
① ② ③ ④ ⑤ ⑥ ⑦ ⑧ ⑨ ⑩ ⑪ ⑫

➡ 포인트

'가쓰부시'라 부르는 알밴 갯가재는 골수팬이 있을 만큼 스시 네타로 인기가 높다. 갯가재의 가슴다리만을 모은 '샤코즈메'도 인기이다.

새우나 게와 동일한 갑각류지만, 구각목이라는 완전히 다른 계통이다. 생김새가 괴기스러워 먹지 않고 싫어하는 사람이 많다고 하지만, 제대로 손질한 갯가재는 굉장히 맛있다. 예전에는 도쿄만 연안에서 잡혔지만 지금은 도쿄 앞바다에서 자취를 감추었고, 미카와만과 세토내해에서도 어획량이 줄고 있다. 홋카이도 등지로 산지가 멀어지면서 고급 스시 네타가 되었다. 껍질째 소금물에 삶은 살은 갑각류 특유의 풍만한 단맛이 있으며, 타고난 야성의 맛이 슬쩍 느껴진다. 알차게 가득 차있는 살은 독특한 식감이 있어 씹을 때마다 풍미가 입안에서 퍼진다. 갯가재는 익힌 것을 네타로 사용하며, 마지막에는 일본식 간장소스인 니쓰메를 발라 마무리한다. 어떤 맛으로 갯가재의 맛을 돋보이게 할지, 스시 장인의 실력이 발휘되는 스시이다.

IKA/TAKO

이카·다코 (오징어·문어)

둘 다 매우 친숙한 식재료이지만 스시의 세계에서는 취급 수준이 다르다. 오징어가 고급 스시인 반면 문어는 왠지 에도마에 스시에서 푸짐해보이도록 곁들이는 존재이다.

겐사키이카 [けんさきいか]

[창오징어, Swordtip squid]

강한 단맛이 가장 큰 매력
씹을수록 단촛밥과 잘 어우러진다

붉은살

흰살

등푸른 생선

새우, 게

오징어, 문어

조개

생선알

기타

➜ 데이터

오징어목 화살오징어과

주요 산지
나가사키현, 사가현, 후쿠오카현, 이즈제도, 이즈반도 등.

별명
아카이카, 고토우이카 등.

제철 시기 (월)
① ② ③ ④ ⑤ ⑥ ⑦ ⑧ ⑨ ⑩ ⑪ ⑫

➜ 포인트

창오징어를 사용한 스루메는 매우 맛있어 '이치방 스루메*'라 불릴 정도로 명성이 높은 최고급품이다. 일본산은 굉장히 드물다.

분포 범위가 넓고 서식지나 계절에 따라 체형이 크게 다르다. 따라서 산지마다 부르는 이름도 다양하다. 산인 지방과 대한해협 쓰시마섬 부근이 창오징어의 산지로 알려져 있다. 사가현 요부코에서는 '야리이카(한치)'라 부르는데 이곳의 '이케즈쿠리**'가 유명하다. 간토 지방에서도 잡히지만 비교적 서일본 지방에서 다양하게 서식하는 오징어라 할 수 있다. 오징어로선 비교적 가격이 비싼 종류로, 맛이 뛰어나다. 한 입 먹으면 향긋한 단맛이 입안에 퍼진다. 살은 씹기에 딱 알맞은 정도이며 씹을수록 단촛밥과의 일체감이 느껴져, 스시 본연의 만족감을 맛볼 수 있다. 먹은 후에는 은은한 단맛이 뒷맛으로 남겨지는 것도 좋다. 오징어 다리는 부드러워서, 가볍게 불에 그슬려 스시로 만들면 고소한 단맛을 즐길 수 있다.

* 一番スルメ, '이치방'은 일등, 최고를 의미. '스루메'는 가늘게 채 썰어 말린 오징어이다.
** 活け造り, 살아 있는 채로 회를 만든 것.

몬고이카 [もんごういか]

[입술무늬갑오징어, Ocellated cuttlefish]

두툼한 살로 볼륨감이 충만 !
클수록 감칠맛도 강하다

데이터

갑오징어목 갑오징어과

주요 산지
세토내해, 시코쿠, 규슈 등.

별명
마이카 등.

제철 시기 (월)
① ② ③ ④ ⑤ ⑥ ⑦ ⑧ ⑨ ⑩ ⑪ ⑫

포인트

살이 두툼하여 사진처럼 장식 칼집을 넣을 수 있어, 좋은 의미에서 스시 장인이 가지고 놀 수 있는 재료이다. 장식 칼집은 씹기 편하게 하는 효과도 있다.

오징어 모자처럼 보이는 부분에 있는 외투막의 길이가 30㎝ 이상 되는 대형 갑오징어이다. 간토 지방에서는 스시 네타로 그다지 친숙하지 않지만, 서일본 지방에서는 메이저급이면서 고급 스시 네타로 꼽힌다. 이름은 외투막에 무늬가 있는 것에서 유래했다. 수명이 1년으로 짧아 성장 속도가 매우 빠르다. 가을이 되면 작은 어린 갑오징어가 입하된다. 이 오징어를 '신이카(新いか)'라 부르는데, 진한 단맛을 지니고 있어 인기 있는 스시 네타이다. 봄이 되면 이것이 3㎏ 가까이 되는 성어 입술무늬갑오징어로 성장한다. 성장해 가면서 단맛도 감칠맛도 강해지지만, 간토 지방에서는 이처럼 너무 큰 갑오징어는 꺼리는 성향이 있다. 하지만 서일본에서는 두툼한 볼륨을 즐기는 편이다. 두툼한 것에 비하면 살은 생각보다 부드럽고 말랑말랑하며, 단맛이 느껴지는 뒷맛도 고급스럽다.

* 몬고 (紋甲) 는 무늬 있는 갑옷이란 의미의 한자이다 .

아오리이카 [あおりいか]

[흰오징어, Bigfin reef squid]

오징어의 왕으로 칭송받는
뚜렷하면서 진한 단맛

➡ 데이터

오징어목 화살오징어과

주요 산지
일본 각지.

별명
미즈이카, 보쇼이카, 구쓰이카, 모이카 등.

제철 시기 (월)
① ② ❸ ④ ⑤ ⑥ ❼ ❽ ⑨ ⑩ ⑪ ⑫

➡ 포인트

흰오징어를 스루메로 만든 '미즈스루메'는 이치방 스루메 못지않은 고급으로 귀하게 취급된다.

홋카이도 남부부터 열대지역까지 폭넓게 분포하는 것이 특징인 대형 오징어이다. 회나 스시 네타로서는, 오징어 중에서도 제왕급 클래스로 일컬어진다. 표준 일본 이름은 진흙이 튀지 않도록 말 옆으로 늘어뜨리는 '아오리(밀다래)'와 형태가 비슷한 것에서 유래했다. 반들반들한 비주얼을 지닌 새하얀 살은 아름다운 반투명이다. 오징어 특유의 식감을 제대로 느낄 수 있으며, 당연히 단맛도 뛰어나다. 이런 식감과 풍미 때문에 오징어의 왕으로 불린다. 맛의 비밀은 단맛을 느끼게 해주는 아미노산의 글리신 함유량이다. 흰오징어에는 글리신이 많아 단맛이 강하고 이 때문에 가격도 비싸다. 제철 시기가 있긴 하지만 산란기가 봄부터 가을에 이르기까지 장기간에 걸치기 때문에, 일 년 내내 맛있게 먹을 수 있다.

스루메이카 [するめいか]

[살오징어 , Japanese flying squid]

근육질의 살을 베어 물면
이것이야말로 최고의 오징어 식감 !

➡ 데이터

오징어목 빨강오징어과

주요 산지
홋카이도, 아오모리현, 이시카와현, 나가사키현,
미야기현, 이와테현 등.

별명
마이카, 무기이카, 스루메, 마쓰이카 등.

제철 시기 (월)
① ② ③ ④ ⑤ ⑥ ⑦ ⑧ ⑨ ⑩ ⑪ ⑫

➡ 포인트

살오징어는, 창오징어로 만든 이치방스루메와 비
교하여 니방스루메*로도 불린다. 또한 오징어 순
대, 오징어 소면 등 식지재료로도 인기이다.

일본 열도를 에워싸듯이 회유하는 오징어이다. 어
획량이 많은 곳은 동해 쪽으로, 밤에 환한 조명을 켜
고 오징어를 낚아 올리는 오징어잡이배가 유명하
다. 일본 근해에서 대량으로 잡히는 등, 일 년 내내
공급이 안정적이어서 가격 변동이 적은 것도 특징
이다. 다소 편평한 마름모 모양의 지느러미와 원통
형의 외투막(몸통 부분)을 지닌 생김새는 일본인이
생각하는 오징어의 이미지 그 자체이다. 근육질의
살이 질기기 때문에, 기본적으로 가는 칼집을 넣어
잘 씹히도록 만든다. 이렇게 해도 씹기에 질긴 경우
가 있지만 이런 씹는 기분이 오징어다워서 좋다고
말하는 사람도 있다. 씹을 때마다 느껴지는 은은한
단맛에는 비릿함이 없어, 생으로 먹어도 데쳐서 먹
어도 모두 맛있다. 게다가 가격도 저렴하여 인기가
없으려야 없을 수가 없다.

* 이치방 (一番) 은 일등 또는 첫 번째 . 니방 (二番) 은 이등 또는 두 번째 .

호타루이카 [ほたるいか]

[불똥꼴뚜기, **Firefly squid**]

자연의 소박한 정취가 넘치는 풍미는
봄이 왔음을 알리는 맛

● 데이터

오징어목 불똥꼴뚜기과

주요 산지
도야마현, 효고현 등.

별명
마쓰이카, 고이카.

제철 시기 (월)
① ② ❸ ❹ ❺ ❻ ⑦ ⑧ ⑨ ⑩ ⑪ ⑫

● 포인트

예전에는 생으로 먹는 것이 인기였지만, 기생충이
발견된 이후에는 데쳐서 먹거나, 생식으로는 내장
을 제거하고 먹는 것이 철칙.

몸에 크고 작은 수많은 발광기를 지니고 있어, 적
에게 습격을 받거나 그물에 걸리면 청백색으로 빛
을 발한다. 수많은 불똥꼴뚜기가 그물로 끌어올려
질 때에 빛을 발하는 모습은 너무나도 환상적이다.
대표적 산지인 도야마만에서는 매년 3월부터 6월
상순에 걸쳐 산란하려는 불똥꼴뚜기가 큰 무리를
이루어 나타나는데, 이 무리는 '불똥꼴뚜기 출몰해
안(群遊海面)'이라는 국가 특별 천연기념물로 지정되
었을 정도이다. 또한 그물로 끌어올려질 때 수많은
불똥꼴뚜기가 빛을 발하는 모습은 도야마현의 봄을
노래하는 풍물시가 되었다. 스시로 만들 때는 살짝
데친 것을 군함말이로 만들어 생강을 올리는 것이
기본이다. 어렴풋이 감도는 특유의 냄새는 생강으
로 중화되며, 내장의 단맛과 김의 바다향이 잘 어우
러진다. 부드러운 식감의 살은 먹기에 상쾌하다.

붉은살

흰살

등푸른생선

새우, 게

오징어, 문어 ◀

조개

생선알

기타

다코 [たこ]

[문어 , Octopus]

**탄력 있는 식감과 단맛
그러면서도 씹기에 편하다**

➔ 데이터

팔완목 참문어과

주요 산지
세토내해, 규슈, 아이치현, 미에현, 이시카와현, 후쿠이현 등 일본 각지.

별명
이와다코, 이시다코, 이소다코 등.

제철 시기 (월)

➔ 포인트

현재는 스시집에서 문어를 직접 삶는 일은 대부분 없어졌지만, 예전에는 문어를 삶아 사전 준비하는 과정에서도 장인의 실력과 지혜가 발휘되었다.

비교적 온난하며 바위가 많은 해역에 서식한다. 문어잡이용 항아리나 낚시로 잡으며, 대부분은 어획한 항구에서 삶아서 출하한다. 이 때문에 일반적으로는 삶은 문어가 눈에 띈다. 일본에서도 어획되지만 아프리카 등 해외로부터 수입도 한다. 수입산 문어는 삶았을 때 색상이 빨갛고 선명하지만, 일본산은 팥색으로 칙칙한 경우가 많다. 일본에서는 효고현의 아카시나 구마모토현 아마쿠사 등이 대표적 산지이며, 이외에도 일본 각지에서 어획된다. 도쿄만의 것도 유명하여 도쿄 앞바다의 문어는 도쿄 장인들 사이에서도 평판이 좋아 즐겨 사용한다. 일본산 문어는 독특한 향기가 강하며, 입에 넣으면 은은한 단맛을 즐길 수 있다. 탄력 있는 식감이면서 깔끔하게 베어 물려 씹기 편하고, 단촛밥과도 잘 어울린다. 사진은 김으로 두른 스시이다.

미즈다코 [みずだこ]

[물문어 , North pacific giant octopus]

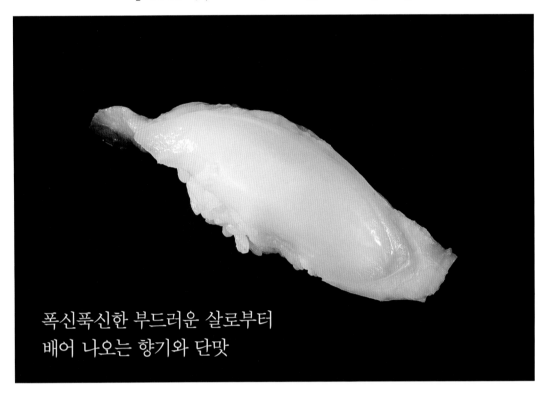

폭신폭신한 부드러운 살로부터
배어 나오는 향기와 단맛

데이터

팔완목 참문어과

주요 산지
홋카이도, 아오모리현, 미야기현.

별명
오다코, 시오다코, 부요다코, 다부다코 등.

제철 시기 (월)
① ② ③ ④ ⑤ ⑥ ⑦ ⑧ ⑨ ⑩ ⑪ ⑫

포인트

홋카이도에서는 물문어를 '마다코*'라고 부르기도 하므로, 스시집에서 혼동하여 실수하지 않도록 조심한다.

수컷의 몸길이가 3m나 되는 세계에서 가장 큰 문어이다. 어획량이 적은 참문어를 대신하므로, 일본산 문어는 대부분 물문어이다. 문어를 삶아서 유통하는 참문어와 달리 물문어는 생것으로 유통하는 경우도 많다. 삶더라도 그다지 질겨지지 않으면서 향과 단맛도 제대로 남는다. 이 때문에 가볍게 끓는 물에 데치거나 살짝 불에 구워 먹기도 한다. 전골이나 회, 카르파초 등 다양한 요리로도 판매한다. 새하얀 살은 부드러우면서, 씹을수록 단맛이 증가하며 맛있어진다. 참문어에 비하면 다소 수분이 많고 젤라틴이 풍부한 살이 야들야들하기 때문에 물문어를 더 좋아하는 사람도 많다. 부드러운 살이 단촛밥과 섞여 어우러질 때의 깊은 풍미는 참문어에 뒤지지 않는다.

* 원래는 크기 3m 이상의 대형 문어가 미즈다코 (물문어), 60cm 정도의 소형 문어가 마다코 (참문어)로, 둘은 다른 종류이다 .

⑥

KAI

가이 (조개)

오독오독 탱글탱글……
독특한 식감이 매력인 조개류
사실 고급 스시로 채워진 카테고리지만
그만큼 가치 있는 맛의 집합!

아와비 [あわび]

[전복 , Abalone]

오도독오도독 씹히는 식감은 참을 수 없을 정도
열을 가하면 비교가 안 될 정도로 부드럽게 변신

➡ 데이터

원시복족목 전복과

주요 산지
나가사키현, 지바현, 야마구치현, 후쿠오카현, 도쿠시마현, 미에현, 에히메현 등.

별명
오가이, 온가이, 구로가이, 마가이 등.

제철 시기 (월)
① ② ③ ④ ⑤ **⑥ ⑦ ⑧** ⑨ ⑩ ⑪ ⑫

➡ 포인트

가끔씩 너무 딱딱한 전복이 있는데, 이것은 저장성을 좋게 하려고 소금으로 문질렀기 때문이다.

일본에 널리 분포하며, 생으로 먹었을 때 전복류 중 가장 맛이 좋아, 전복이라 하면 이 둥근전복을 가리킬 정도로 가장 대표적인 전복이다. 조개류는 대부분 겨울이 제철이지만 둥근전복은 여름이 제철이다. 해를 거듭할수록 어획량이 감소하여, 스시 네타로서 빠르게 고급화되고 있다. 스시를 만들 때의 기본은 역시 생것. 글리코겐을 듬뿍 함유한 살은, 바다 향기를 남기면서 씹을수록 짙은 감칠맛이 서서히 입안에 퍼진다. 전복 특유의 오도독오도독한 식감을 맛볼 수 있는 것도 생으로 먹었을 때이다. 먹기 편하도록 장식용 칼집이나 숨겨진 칼집을 넣는 경우도 있다. 데치거나 찐 전복으로 스시를 만들기도 한다. 열을 가하면 육질이 부드러워지고, 살에서 여분의 수분이 빠져나오며 감칠맛이 응축된다!

아카가이 [あかがい]

[피조개 , Bloody clam]

바다 향기가 콧구멍을 간질간질
희미하게 느껴지는 철분향이 악센트

붉은살

흰살

등푸른 생선

새우, 게

오징어, 문어

조개

생선알

기타

➡ 데이터

돌조개목 돌조개과

주요 산지
무쓰만, 센다이만, 이세만, 미카와만, 세토내해, 아리아케해 등.

별명
다마, 혼다마, 아카다마, 바쿠단 등.

제철 시기 (월)

➡ 포인트

피조개는 외투막인 '히모'로 스시를 만들기도 한다. 살로 만든 스시와는 풍미도 식감도 완전히 다르므로 비교하며 먹으면 재미있을 듯하다.

옛날부터 에도마에 스시로 먹었던 스시 네타 중 하나로, 조개류 스시 중 최고로 꼽는다. 옛날에는 도쿄만에서 많이 어획되어 한 말씩 통으로 구매할 정도로 가격이 저렴했지만, 지금은 도쿄만에서는 거의 찾아볼 수 없는 고급 스시 네타이다. 가까운 앞바다나 만 안쪽의 얕은 진흙 바닥에 살며, 다소 서식 환경이 나쁘더라도 잘 견디는 생명력을 지녔다. 살이 붉은 것은 포유류와 같은 헤모글로빈계의 혈액을 지녔기 때문이다. 덧붙이자면 다른 조개류는 헤모시아닌계 혈액이어서 그다지 색상을 띠지 않는다. 바다향이 감도는 특유의 풍미를 지녔는데, 이 향을 살리기 위해 일반적으로 생것 그대로 스시를 만든다. 헤모글로빈계 혈액이어서 어렴풋이 철분 성질의 피 맛이 느껴지기도 하는데 이것도 피조개의 매력이다. 수입품도 유통된다.

073

아오야기 [あおやぎ]

[개량조개 , **Rediated trough-shell**]

강한 단맛에 뒤이어 느껴지는
마음에 쏙 드는 쓴맛

⮕ 데이터

진판새목 개량조개과

주요 산지
도쿄만, 홋카이도, 이세만, 미카와만, 세토내해, 아
리아케해 등.

별명
바카 등.

제철 시기 (월)
① ② ③ ④ ⑤ ⑥ ⑦ ⑧ ⑨ ⑩ ⑪ ⑫

⮕ 포인트

건어물로도 맛있는데, 지바현 우치보 지역이나 규
슈 등지에서 먹을 수 있다. 살짝 구우면 고소하고,
감칠맛도 풍부하다!

만 안쪽의 얕은 갯벌이나 모랫바닥에 사는 조개
이다. 도쿄에서 부르는 '아오야기'란 이름은 원래 지
바현 이치하라시의 옛 지명에서 유래한 것으로, 이
지역에서 개량조개가 많이 수확되었다. 표준 일
본 이름인 바카가이는 지바현 우치보 지역에서 부
르는 이름이다. 어획되었을 때 조개껍데기가 꽉 다
물려 있지 않고 발을 야무지지 못하게 내놓은 모습
에서 바카가이(바보조개)란 이름이 붙었다. 최근의
주요 산지는 홋카이도이며, 이곳으로부터 미카와
만, 도쿄만으로 이어진다. 홋카이도산은 크림색으
로 크기가 큰 것이 특징이다. 살의 끝부분이 뾰족하
게 치솟은 것이 좋은 개량조개이다. 한입 먹으면 단
맛이 뚜렷하게 느껴지고, 독특한 쓴맛이 뒤이어 온
다. 스시 마니아 중에는 이 쓴맛이 더할 나위 없이
좋다는 사람도 있다. 개량조개의 관자를 군함말이
로 만들기도 한다. 통통한 식감을 즐길 수 있는 조개
관자 군함말이도 먹어보길 권한다.

하마구리 [はまぐり]

[백합 , Commom shield-clam]

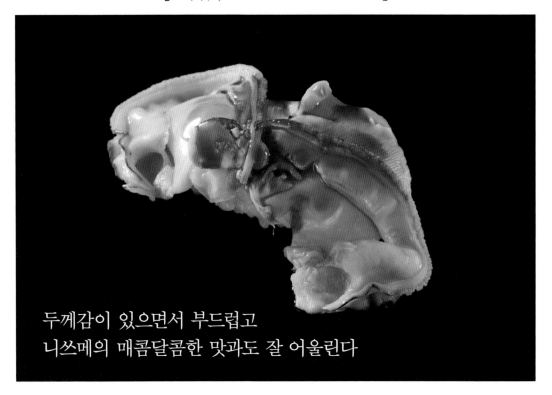

두께감이 있으면서 부드럽고
니쓰메의 매콤달콤한 맛과도 잘 어울린다

➔ 데이터

진판새목 백합과

주요 산지
가시마나다, 구주쿠리하마, 엔슈나다, 미야자키현 등.

별명
고이시하마구리, 휴가하마구리 등.

제철 시기 (월)
① ② ③ ④ ⑤ ⑥ ⑦ ⑧ ⑨ ⑩ ⑪ ⑫

➔ 포인트

백합의 가격을 결정하는 것은 산지나 종류가 아니라 크기다. 실제로 하나의 백합으로 스시 한 점을 만들 정도로 큰 것은 희소하다.

조몬 시대(BC 1300~BC 300년경) 패총에서 백합 껍데기가 발견될 정도로 아주 오랜 옛날부터 먹어온 중요한 식량이었다. 예전에는 도쿄만 개펄에서도 쉽게 잡을 수 있었지만, 지금은 개발과 오염 등으로 거의 잡히지 않는다. 현재 일본산 백합의 주류는 '조센하마구리'이다. 이는 파도가 밀어닥치는 물가를 나타내는 '조센(汀線)'에 서식하는 백합이다. 가시마나다나 구주쿠리하마에서 잡힌 것은 고급품으로 취급된다. 백합은 기본적으로 생것으로는 스시를 만들지 않고 데친 것을 사용하며, 니쓰메를 발라 먹는다. 딱 알맞을 정도로 단단한 살은 적당한 탄력이 있으면서도 부드러워 베어 먹기에 무리가 없다. 살이 두툼하여 먹을 때의 만족감은 기대 이상이다. 매콤달콤한 맛의 니쓰메를 주로 사용하지만, 이 맛도 식당마다 다르게 만들기 때문에, 식당의 특색을 보여주는 요소가 된다.

도리가이 [とりがい] [새조개 , **Japanese cockle**]

만의 안쪽 얕은 곳에 서식하는 조개이다. 주요 산지는 미카와만이나 세토내해이며, 예전에는 도쿄만에서도 양질의 새조개가 잡혔었다. 여름에 집단 폐사하기도 하여 어획량이 불안정한 경향이 있어, 최근에는 중국이나 한국에서 냉동 수입한 것이 많이 출하된다. 생것도 데친 것도 모두 맛있는 것이 새조개의 매력, 사진은 데친 것으로 만든 스시이다. 끓는 물에 데치면 흰색과 검은색의 대비가 두드러져, 더욱 신선해 보인다. 열을 가하면 단맛이 더욱 강해지는 특징도 있어, 데친 새조개를 씹는 순간 단맛이 확 퍼진다. 식감이 쫄깃쫄깃하면서도 툭 하고 부드럽게 씹히는 것이 일품이다.

열을 가하면 단맛이 강해진다
쫄깃쫄깃한 식감도 즐겁다

➡ 데이터

진판새목 새조개과
주요 산지

도쿄만, 이세만, 미카와만, 교토부, 세토내해, 시마네현, 아리아케해 등.

별명
오토코가이, 기누가이, 자완가이 등.

제철 시기 (월)
① ② ③ ④ ⑤ ⑥ ⑦ ⑧ ⑨ ⑩ ⑪ ⑫

➡ 포인트
생 새조개 스시는 표면에 윤기가 흐르며, 한입 씹으면 감칠맛을 머금은 국물이 스며 나온다.

홋키가이 [ほっきがい] [함박조개 , **Sakhalin surf clam**]

홋카이도가 일본 제일의 어획량을 자랑한다. 어장에 따라 제철 시기가 다르긴 하지만 일반적으로는 감칠맛 성분인 글리코겐이 증가하는 겨울을 제철로 본다. 스시 네타로 사용하는 부분은 다리이다. 데치면 아름다운 붉은색을 띠는데, 이 붉은빛이 강할수록 고급품이다. 사진은 생것으로 만든 스시이다. 생것은 칙칙한 팥죽색이지만 색조가 차분하다. 혀의 감촉이 매끄러워 씹기에 좋으며, 넉넉한 단맛과 함께 바다향도 즐길 수 있다. 단촛밥과의 궁합도 좋아, 한입 베어 물면 단촛밥과 섞이며 어우러지는 감칠맛이 특별하다. 데친 것 또한 단촛밥과 잘 어우러진다.

생것도 데친 것도 모두 만족
반지르르한 감칠맛이 돈다

➡ 데이터

진판새목 개량조개과
주요 산지

홋카이도, 후쿠시마현, 아오모리현, 이바라키현, 미야기현.

별명
홋키 등.

제철 시기 (월)
① ② ③ ④ ⑤ ⑥ ⑦ ⑧ ⑨ ⑩ ⑪ ⑫

➡ 포인트
우바가이란 일본 표준 이름은 노파를 나타내는 '우바(姥)'에서 유래했다. 수명이 30년 이상으로 길어 이런 이름이 붙었다고 전해진다.

표준 일본 이름
호타테가이

호타테 [ほたて]

[가리비 , Japanes scallop]

두툼하게 잘라도 먹기 편한
부드러움과 고급스런 단맛을 품은 맛

➡ 데이터

국자가리비목 국자가리비과

주요 산지
홋카이도, 아오모리현

별명
아키타가이 등.

제철 시기 (월)
① ② ③ ④ ⑤ ⑥ ⑦ ⑧ ⑨ ⑩ ⑪ ⑫

➡ 포인트

양식이 많아 제철 시기는 따로 없지만, 6~8월이
조개관자의 크기와 무게가 최고조에 달하는 때여
서 이때를 제철이라 할 수 있다.

예전에는 어획량이 적어 최고급품으로 취급되었
지만, 1960년대 들어 양식기술이 확립되면서 저렴
한 가격으로 구매할 수 있게 되었다. 지금은 수출
도 하여, 일본 북부 지방의 수산업을 지탱해주는 조
개로까지 발전하였다. 자연산과 양식 간에 큰 차이
가 없는 것도 양식이 널리 보급된 이유 중 하나이
다. 호타테란 이름은, 가리비의 이동속도가 너무 빨
라, 커다란 조개껍데기를 돛으로 삼아 '돛을 세우고
(帆を立てて. 호오타테테)' 물살에 올라타 빠르게 이동
하는 모습에서 유래했으리라 추측된다. 크고 통통
한 조개관자가 주로 먹는 부위이다. 생것 그대로 스
시를 만드는 경우가 대부분이지만 데쳐서 사용하
기도 한다. 편하게 싹둑 씹히는 식감으로 베어 물
면 고급스러운 단맛이 부드럽게 퍼진다. 비릿함이
없는 고급스러운 감칠맛이야말로 남녀노소 누구나
좋아하는 이유이다.

다이라가이 [たいらがい]

[키조개 , **Pen shell**]

시원시원한 식감이 좋은
단맛과 쓴맛을 모두 가진 마니아의 맛

➜ 데이터

사새목 키조개과

주요 산지
이세만, 미카와만, 세토내해, 아리아케해 등.

별명
다치가이, 에보시가이 등.

제철 시기 (월)
① ② ③ ④ ⑤ ⑥ ⑦ ⑧ ⑨ ⑩ ⑪ ⑫

➜ 포인트

별명인 다치가이는 바닷속에 서 있는 듯한 모습으로 서식하는 것에서 붙여진 이름이라고 한다.

전체 길이가 30㎝ 정도에 이르는 삼각형 모양의 커다란 조개. 만 안쪽의 수심 30m 정도의 진흙에 살며, 뾰족한 껍데기의 끝부분을 아래로 향한 채로 산다. 미카와만, 세토내해, 아리아케해가 주요 산지지만 어획량이 해마다 감소하여 양식도 시도 중이다. 보통 스시 네타로 사용하는 것은 조개관자인데, 크기가 탁구공만 하다. 투명감 있는 살의 빛깔이 인상적이며 아름답다. 가리비와 비슷하다고 여겨지는 경향이 있지만 단맛이 있으면서 비린내가 없는 가리비에 비해, 키조개는 단맛 외에 비릿한 바다향과 떫은맛, 쓴맛도 있어 다소 마니아적인 맛이라고들 한다. 하지만 시원스럽게 씹히는 식감은 가리비보다 훨씬 좋다. 키조개의 커다란 조개껍데기를 닫아 놓고 있으려니, 이 정도로 살이 탄탄하면서 탱탱해진 것 아닐까.

---

* 일본어로 다치가이 (立ち貝) 는 서 있는 조개라는 뜻 .

표준 일본 이름
히메에조보라

쓰부가이 [つぶがい]　[관절매물고둥 , **Whelk**]

얕은 물가의 모래, 진흙 바닥에 서식하는 고둥. 홋카이도나 도호쿠 지방에서는 스시로 즐겨 먹는다. 스시 외에도 둥근 부분 또는 살만을 꼬치에 끼워 간장소스를 발라 굽는 '쓰부야키'로 먹기도 한다. '쓰부'라 불리는 고둥 종류 중에서는 비교적 저렴하지만, 풍미는 고급 어패류에 뒤지지 않는다. 크림색 살은 반들반들하면서 결이 잘고 곱다. 입에 넣으면 오독오독한 식감이 느껴지는데, 씹으면 단맛이 살짝 스며 나온다. 은은하게 느껴지는 바다향도 절묘한 악센트. 고급스럽게 마무리되는 풍미이다.

오독오독한 식감이 환상적
스며 나오는 단맛도 고급스럽다

● 데이터

신복족목 쇠고둥과
주요 산지
홋카이도, 이와테현, 후쿠시마현 등.

별명
마쓰부, 네무리쓰부, 아오쓰부, 쓰부 등.

제철 시기 (월)
①②③④⑤ 6 7 8 9 10 11 ⑫

● 포인트
테트라민이라는 약한 독성을 지니고 있어, 직접 조리할 경우에는 정확한 지식을 가지고 세심한 주의를 기울여야 한다.

표준 일본 이름
마가키

가키 [かき]　[굴 , **Oyster**]

일본에 서식하지만 유통되는 것은 대부분 양식이다. 히로시마현에서 최초로 양식을 시작하였는데, 그 역사는 무로마치 시대(室町, 1336~1573년) 또는 에도 시대라고 전해진다. 지금도 일본에서 생산량이 가장 많은 곳은 히로시마현이다. 맑은장국, 굴튀김, 굴찜 등 다양한 방법으로 조리해서 먹기도 하지만, 스시는 대부분 생굴로 만든다. 사진에서는 자연의 정취가 넘치는 맛을 돋보이게 하려고 모미지오로시와 폰즈소스를 얹어 만들었다. 생굴은 수분이 많아, 스시로 만든 후에는 곧바로 먹는 것이 좋다. 술이나 간장에 익힌 것으로 스시를 만들기도 하는데, 이 경우에는 단맛과 쓴맛이 혼재된 복잡한 맛을 즐길 수 있다.

바다의 우유와 단촛밥이
깊이 있는 진한 맛을 만든다

● 데이터

굴목 벚굴과
주요 산지
히로시마현, 미야기현 등.

별명
나가가키, 히라가키 등.

제철 시기 (월)
①② 3 4 5 6 7 8 9 ⑩ ⑪ ⑫

● 포인트
양식 굴은 생식용과 가열용으로 나뉜다. 이 두 가지의 차이점은, 무균상태의 바닷물로 굴 체내의 세균을 제거하는 작업을 거쳤는지의 여부이다.

바이가이 [ばいがい] [물레고둥 , Finely striate buccinum]

● 데이터

신복족목 쇠고둥과

주요 산지

아키타현, 니가타현, 도야마현,
이시카와현, 효고현 등.

별명

시로바이, 바이 등.

제철 시기 (월)

① ② ③ ④ ⑤ ⑥ ⑦ ⑧ ⑨ ⑩ ⑪ ⑫

● **포인트** 간토 지방에서는 데쳐서 가이
세키 요리 등에 내놓는 경우가
많으며, 스시 네타로는 마이너
한 존재이다.

생것으로 만든 스시는 부드럽고 고급스럽다
강한 단맛이어서 단촛밥과의 궁합도 좋다

동해의 수심 200~500m 되는 모래, 진흙 바닥에서 서식한다. 주로
데쳐서 먹는 간토 지방에는 작은 것이 많고, 생식이 많은 산인 지방
에서는 큰 것이 많이 유통된다. 생것으로 만든 스시는 아름다운 흰
색으로, 바다향과 단맛이 혼연일체된 맛이다. 단촛밥과의 궁합이 좋
고 식감도 부드러워 스시로서의 완성도가 높다. 살짝 데친 것으로
만든 스시는 살에 탄력이 있어 식감이 뛰어나다. 그럼에도 약간만
힘을 주면 쓰윽 가볍게 씹힌다. 이런 탄력과 편하게 씹히는 식감 사
이의 대조가 매력적인 스시이다.

혼미루가이 [本みるがい] [왕우럭조개 , Trough shell]

● 데이터

진판새목 개량조개과

주요 산지

도쿄만, 이세만, 미카와만, 세토내해,
아리아케해 등.

별명

미루가이, 혼미루, 오가이, 미루, 오노
카이 등.

제철 시기 (월)

① ② ③ ④ ⑤ ⑥ ⑦ ⑧ ⑨ ⑩ ⑪ ⑫

● **포인트** 스시 네타로 적당한 크기인
15*cm* 이상으로 성장하기까지
는 10년 이상 걸린다. 어획량
도 많지 않아 현재는 최고급으
로 대우받는 스시 네타이다.

바다향이 먼저 느껴지는
조개류 특유의 풍미가 매력

미루쿠이라는 표준 일본 이름은, 해조류의 일종인 청각이 붙은 대
롱 모양의 조개 수관을 껍데기 안으로 끌어당길 때의 모습이 마치
청각을 먹는 듯하다고 하여 붙여졌다.* 길이가 20*cm*나 되는 대형 조
개이지만 먹는 부위는 수관뿐이다. 옛날에는 에도마에를 대표하는
스시였다. 하나의 수관으로 스시 한 점을 만들 수 있을 만큼 크기 때
문에 생김새가 주는 임팩트가 크다. 조개류답게 탄력 있는 식감과
강렬한 바다향이 특징이다. 이 바다향을 싫어하는 사람도 많아 호불
호가 갈리는, 특유의 향이 강한 스시라 할 수 있다.

* 일본어로 '미루 (ミル)' 는 청각 , '쿠이 (クイ)' 는 먹는다는 뜻 .

(7)

GYORAN ETC.

교란 (생선알 등)

여기서는 연어알같은 생선알과
말똥성게같은 성게류를 정리했다.
스시집에 간다면 반드시 주문해야할
준 주역급의 스시들을 한곳에 모았다.

이쿠라 [いくら]

[연어알 , Salmon roe]

끈적끈적한 혀의 감촉
독특한 단맛과 강한 향이 일품

데이터

연어목 연어과

주요 산지
홋카이도, 아오모리현, 이와테현, 아키타현, 미야기현, 니가타현, 도야마현 등.

별명
난소막을 풀지 않은 것은 스지코(筋子)라 부른다.

제철 시기 (월)
① ② ③ ④ ⑤ ⑥ ⑦ ⑧ ❾ ❿ ⓫ ⑫

포인트

연어의 난소를 풀어 알알이 떨어진 것이 이쿠라, 풀지 않아 막에 싸인 것을 스지코라 부른다. 최근에는 인공 이쿠라도 등장했다.

연어알은 얼간 연어*를 만들 때 나오는 부산물로, 예전엔 홋카이도 등의 산지에서만 소비되었었다. 그러다가 메이지 시대(明治, 1868~1912년)에 들어서며 알 가공법을 러시아로부터 들여왔다. 이쿠라는 러시아어로 생선알을 의미하는데, 이런 역사가 이름의 유래가 되었다. 고향의 강을 거슬러 올라가는 연어의 알을 사용한다고 생각하기 쉬운데, 사실 산란기에 근접한 알은 껍질이 질기고 딱딱하여 식용으로는 적당하지 않다. 따라서 육지와 인접한 바다에서 그물로 어획한 연어의 알을 이쿠라로 사용한다. 끈적끈적한 혀의 감촉과, 단맛과 지방이 알맞게 균형 잡힌 맛을 즐길 수 있다. 스시로는 기본적으로 소금이나 간장에 절인 연어알을 군함말이로 만든다. 간장에 절인 연어알 스시는 소금에 절인 것보다는 많지 않지만, 본래의 단맛에 간장의 감칠맛이 더해지면서 더욱 깊은 풍미를 즐길 수 있다.

---

* 얼간 연어 (新巻鮭), 내장을 제거한 연어를 소금에 절인 것 .

표준 일본 이름
에조바훈우니

바훈우니 [ばふんうに]

[말똥성게 , Japanese green sea urchin]

입안에서 녹진녹진해지며
진한 단맛이 넘쳐난다

➡ 데이터

성게목 둥근성게과

주요 산지
홋카이도, 아오모리현, 이와테현, 미야기현 등.

별명
가제, 간제, 아카.

제철 시기 (월)

① ② ③ ④ ⑤ ⑥ ⑦ ⑧ ⑨ ⑩ ⑪ ⑫

➡ 포인트

일본에서는 주로 말똥성게와 북쪽둥근성게 두 종류를 먹는다.

북쪽의 차가운 해역에서 다시마 등을 먹으며 서식한다. 옛날에는 다시마를 훼손하는 유해물로 제거되던 때도 있었지만, 유통이 발달하고 군함말이가 등장하면서 인기 있는 스시 네타로 탈바꿈하였다. 성게는 생식소 부분만 먹는다. 색상에 따라 '붉은 성게류'와 '흰 성게류'로 불리는데, 말똥성게는 대표적인 붉은 성게이다. 붉은 성게류는 전반적으로 단맛이 강하고 맛이 진한 것이 특징이다. 성게의 질은, 낱알이 가지런히 부풀어 솟아올라 있는지, 색상은 선명한지 그리고 먹었을 때의 끈적끈적한 느낌으로 판단한다. 요컨대 생김새가 제대로이면서 입안에서 스르르 녹아내리는 것이 좋은 성게이다. 바다향을 품은 단맛이 주는 맛은 더할 나위 없이 만족스럽다. 가격이 비싼데도 자꾸 먹고 싶은 기분을 알 듯하다. 수입품도 많다.

기타무라사키우니 [きたむらさきうに]

[북쪽둥근성게 , Northern sea urchin]

말똥성게와 마찬가지로 차가운 바다에 서식하는데, 둥근성게 쪽이 껍데기가 더 크고 가시가 긴 것이 특징이다. 일본에서는 홋카이도산이 많고, 이와 비슷한 종류의 성게를 미국이나 캐나다로부터 수입한다. 생식소가 옅은 황색이어서, 말똥성게와 대비하여 흰 성게류로 불린다. 입에서 녹는 느낌이 강한 붉은 성게류보다 맛이 깔끔하다. 그래서 가격이 더 비싸다. 성게 중에서도 고급스러운 맛이며 바다향은 비교적 덜하다. 따라서 그만큼 특유의 쓴맛도 적어 거부감 없이 먹기에 굉장히 좋은 편이고 뒷맛도 좋다. 진한 붉은 성게류의 맛이 다소 과하게 느껴진다면 이 둥근성게를 먹을 것을 추천한다.

고급스러운 뒷맛이 훌륭하여
거부감 없이 먹을 수 있는 성게

➡ 데이터

성게목 둥근성게과
주요 산지
홋카이도, 아오모리현, 이와테현, 미야기현.

별명
무라사키우니, 노나, 시로.

제철 시기 (월)
① ② ③ ④ ⑤ ❻ ❼ ❽ ⑨ ⑩ ⑪ ⑫

➡ 포인트
성게는 '해담(海胆)' '운단(雲丹)'이란 한자로 표기하기도 하는데, '운단'으로 표기한 것은 일반적으로 성게로 만든 가공식품을 나타낸다.

다라코 [たらこ]

[대구알 , Cod roe]

다라코는 대구의 난소(알집)를 가리키지만, 일반적으로는 명태의 난소를 소금에 절인 것을 더 많이 먹는다. 주요 산지는 홋카이도이다. 한편 후쿠오카현 등지에서는 다라코를 멘타이코라고 부른다. 후쿠오카현의 특산품으로 가라시멘타이코가 있는데 이것은 다라코 즉 멘타이코를 고춧가루로 양념한 것이다. 밥과의 궁합이 나쁘지 않기 때문에, 최근에는 회전스시에서 스시로 내놓기도 하는 등, 스시 네타로서 점차 보급되고 있다. 스시로 만들면 특유의 맵고 짠맛이 단촛밥의 단맛과 맛있게 중화되므로, 다라코만 따로 먹는 것보다 더욱 맛있게 즐길 수 있다.

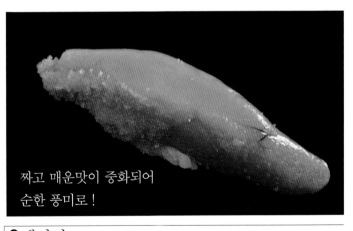

짜고 매운맛이 중화되어
순한 풍미로 !

➡ 데이터

대구목 대구과
주요 산지
홋카이도, 동해, 이바라키현보다 북쪽에 있는 태평양 등.

별명
멘타이코(明太子) 등.

제철 시기 (월)
❶ ❷ ❸ ④ ⑤ ⑥ ⑦ ⑧ ⑨ ⑩ ❶❶ ❶❷

➡ 포인트
가라시멘타이코(辛子明太子, 명란젓)란 명칭은, 명태의 난소인 경우에만 사용할 수 있다.

표준 일본 이름
니신

가즈노코 [かずのこ]　　　[청어알, **Herring roe**]

산란기의 청어로부터 수확한 난소를 말리거나 소금에 절인 것이다. 옛날부터 오세치 요리*에 사용하는 고급 식자재였는데, 제2차 세계대전 이후 청어의 어획량이 대폭 감소하며 청어알은 '황금색 다이아몬드'로 불릴 만큼 가격이 급등하였다. 현재 시장에서 유통되는 것은 대부분 캐나다산 수입품이다. 옛날부터 스시 네타로 사용해왔지만, 가격이 저렴한 수입품이 유통되면서 최근 인기가 높아졌다. 스시에 사용하는 청어알은 작은 알 입자끼리 맞붙어 있어, 오독오독한 식감이 즐겁다. 밖으로 스며 나오는 감칠맛이 단촛밥과 섞여 어우러지는 그 풍미가 일품이다.

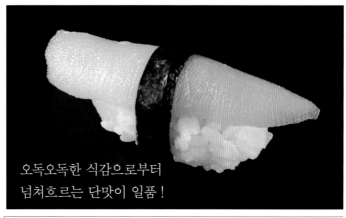

오독오독한 식감으로부터
넘쳐흐르는 단맛이 일품 !

● 데이터

청어목 청어과　　　　　　별명
주요 산지　　　　　　　　 –
홋카이도 등.　　　　　　　제철 시기 (월)

① ② ❸ ❹ ❺ ⑥ ⑦ ⑧ ⑨ ⑩ ⑪ ⑫

* 오세치 (おせち) 요리 : 정월에 먹는 일본의 대표적 명절 요리.

➡ 포인트　청어가 다시마에 알을 낳은 것을 '고모치곤부(p86)'라고 부른다. 그대로 먹거나 스시 네타로 사용하기도 하는데 그 맛이 일품이다.

표준 일본 이름
도비우오

도비코 [とびこ]　　　[날치알, **Flying fish roe**]

날치의 알이다. 예전부터 지라시스시(p109)나 일본요리를 장식하는데 사용되어온 식자재였는데, 가격이 저렴하기도 해서 지금은 회전스시의 기본적인 스시 네타로 정착되었다. 인도네시아 등지로부터 수입도 많이 한다. 원래의 색상은 베이지색으로, 붉은색은 대부분 물들인 것이다. 원래 색 그대로의 날치알은 '골든 캐비아'로 다른 요리에 사용하기도 한다. 비교적 단단한 껍질이 톡톡 터지면서 씹히며, 짠맛이 입안으로 퍼지는 느낌을 즐길 수 있다. 적절한 짠맛은 단촛밥이나 김과의 궁합이 좋아, 서로의 맛을 끌어올린다.

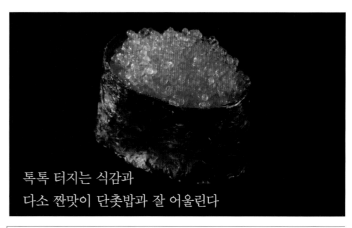

톡톡 터지는 식감과
다소 짠맛이 단촛밥과 잘 어울린다

● 데이터

동갈치목 날치과　　　　　별명
주요 산지　　　　　　　　 –
나가사키현, 시마네현, 미야자키　제철 시기 (월)
현 등.

❶ ❷ ❸ ❹ ❺ ❻ ❼ ❽ ❾ ❿ ⓫ ⓬

➡ 포인트　'도빗코'라는 이름도 있는데 이것은 모수산가공회사의 등록 상표여서, 스시집에서는 그다지 사용하지 않는다.

고모치곤부 [子持ち昆布]

[알밴 다시마 군함말이 , **Herring roe on kelp**]

● 데이터

청어목 청어과

주요 산지
홋카이도 등.

별명
–

제철 시기 (월)
① ② ❸ ❹ ❺ ⑥ ⑦ ⑧ ⑨ ⑩ ⑪ ⑫

➜ 포인트 일본의 고모치곤부 대부분은 캐나다나 미국으로부터 수입한다.

다시마의 감칠맛이 알과
단촛밥을 감싸 안는다

청어가 알을 낳아놓은 다시마를 소금에 절여 만든다. 자연산은 매우 희소하여 아예 유통되지 않는 것이나 다름없다. 점착성이 강한 청어알의 특성을 살려, 산란할 때 청어 가까이 다시마를 밀어 넣어 알을 부착하도록 만드는 경우가 대부분으로, 거의 해외 수입품이다. 전체적으로 견고하게 알이 붙어 있을수록 고급품이다. 다시마의 진한 감칠맛과 알의 씹히는 맛이 서로 어우러지며, 굉장히 깊은 맛을 전해주는 스시이다.

표준 일본 이름
니신

시샤못코 [ししゃもっこ]

[열빙어알 , **Capelin roe**]

● 데이터

바다빙어목 바다빙어과

주요 산지
오호츠크해 연안, 홋카이도 등.

별명
카페린코.

제철 시기 (월)
① ② ③ ④ ⑤ ⑥ ⑦ ⑧ ⑨ ❿ ⓫ ⓬

➜ 포인트 일본산 열빙어 스시는 홋카이도의 무카와초에서 10~11월에만 먹을 수 있다.

톡톡 튀는 식감을
마음껏 즐기고 싶다

시샤모 또는 가라후토시샤모*의 알이다. 현재 고모치시샤모(알밴 열빙어)로 일본에서 유통되는 것은 가라후토시샤모인 경우가 대부분이며, 시샤모의 알을 의미하는 시샤못코도 가라후토시샤모의 알을 사용한다. 최근 식자재 원산지 표시를 엄격히 하면서, 영어 이름을 딴 카페린코 또는 가라후토시샤모 군함이라고 부르는 스시집도 생겼다. 맛은 알을 소금에 절이는지 또는 간장에 절이는지에 따라 달라지지만, 날치알과 같이 톡톡 튀는 식감이 재미있다.

표준 일본 이름
가라후토시샤모

---

* 엄밀히 말하면 홋카이도산 열빙어가 시샤모이며 , 이의 대용품으로 캐나다 , 노르웨이 등지에서 수입한 열빙어가 가라후토시샤모이다 .

8

OTHERS

기타

지금까지의 카테고리에 해당하지 않는 스시 네타로
회전스시의 인기 네타, 간사이 지방의 고급 네타 등
다양하고 풍부한 스시 네타를 취합하였다

아나고 [あなご]

[붕장어 , Common Japanese conger]

통통하고 부드러운 살이
입안에서 스르르 녹는다

데이터

장어목 붕장어과

주요 산지
미야기현, 도키와해, 도쿄만, 아이치현, 세토내해,
나가사키현 등.

별명
혼아나고, 메지로 등.

제철 시기 (월)
① ② ③ ④ ⑤ ⑥ ⑦ ⑧ ⑨ ⑩ ⑪ ⑫

포인트

간사이 지방에서는 구운 붕장어가 주류이지만, 최
근에는 삶은 붕장어를 내놓는 스시집도 늘고 있어,
다양한 맛을 즐길 수 있게 되었다.

야행성으로 낮에는 굴 등에 들어가 숨어 있는 것
으로부터 아나고(穴子)란 이름이 붙었다고 한다. 에
도 시대부터 도쿄만 붕장어가 유명하여 최상급으로
취급되었다. 스시는 삶은 붕장어로 만드는데, 이때
만드는 방법이 식당마다 달라 장인이 고심하며 심
혈을 기울여 만드는 스시 중 하나이다. 삶은 것 그대
로로 스시를 만들거나, 삶은 후 불에 가볍게 그슬린
후 만들기도 하고, 간장소스인 니쓰메를 바르거나,
소금만 뿌려서 내기도 한다. 또한 간토 지방에서는
삶아서, 간사이 지방에서는 구워서 사용하는 등 지
역간 특성도 있어 만드는 방법이 천차만별이다. 어
떻게 만들어도 변함없이 맛있으며, 통통하고 부드
러운 살이 기분 좋은 혀의 감촉을 느끼게 해준다. 붕
장어의 향기로운 맛은 단촛밥의 단맛과 궁합이 좋
아, 스시로 먹으면 붕장어의 감칠맛이 더욱 도드라
진다. 매콤달콤한 니쓰메가 그 위에 맛을 더해주며
최고의 만족감을 선사한다.

표준 일본 이름
하모

하모 [はも]

[갯장어 , Dogger-tooth pike conger]

산뜻하고 담백한 고급스런 풍미
불에 구우면 달콤한 향기가 솟아 오른다

→ 데이터

장어목 갯장어과

주요 산지
와카야마현, 도쿠시마현, 에히메현, 야마구치현,
나가사키현 등.

별명
혼하모, 우미우나기 등.

제철 시기 (월)
① ② ③ ④ ⑤ ⑥ ⑦ ⑧ ⑨ ⑩ ⑪ ⑫

→ 포인트

교토의 여름 축제 '기온 마쓰리'에 맞춰 많이 출하
된다. 갯장어에 사용하는 호네기리(骨切り)는 3㎝
정도의 간격에 약 24개의 칼집을 넣는 기술이다.

장어 부류로 이빨이 날카롭고 사나운 성질을 지
녔다. 바다로부터 떨어져 있는 교토까지 운반하더
라도 살아 있는 강인한 생명력에 덕분에, '교토에서
도 먹을 수 있는 몇 안 되는 활어'로 예부터 교토에
서 즐겨 먹었다. 교토는 물론이고 오사카, 규슈, 간
토 지방에서도 이 스시를 먹을 수 있다. 뼈가 많은
품종이어서 세밀하게 칼집을 넣는 호네기리 기술
을 사용한다. 칼집을 넣은 후 끓는 물에 살짝 데쳐
스시를 만들며, 일반적으로 고명을 얹어서 먹는다.
사진에서는 스시 위로 모미지오로시와 폰즈소스를
올렸다. 산뜻하고 담백한 풍미로 뒷맛도 고급스럽
다. 정성스럽게 호네기리한 것은 식감이 부드러워
먹기에도 좋다. 단촛밥의 산미와 갯장어의 감칠맛
이 서로를 떠받쳐 돋보이게 한다. 표면을 살짝 불에
그슬려 만들면 달콤한 향기가 참기 어려울 지경이
다.

시라우오 [しらうお]

[뱅어 , Icefish]

단촛밥과 잘 섞이며
매끈매끈한 식감도 즐겁다

➡ 데이터

바다빙어목 뱅어과

주요 산지
홋카이도로부터 오카야마현까지의 각지, 동해는
규슈까지.

별명
-

제철 시기 (월)

➡ 포인트

비슷한 이름의 시로우오(사백어)는 농어목 망둑어
과로 전혀 다른 물고기이다. 빨판 모양의 배지느러
미가 있는 것이 특징이다.

몸길이가 10㎝ 정도인 작은 물고기로, 죽으면 하
얗게 되는 것에서 시라우오(白魚)란 이름이 붙었다.
에도 시대에는 도쿄만에서 잡히는 뱅어가 쇼군 가
문에 진상품으로 바쳐졌으며, 시마네현 신지호에서
는 신지호 7가지 진미 중 하나로 꼽히는 등 여러 지
방에서 사랑받아 왔다. 조림으로 먹는 것 외에도 계
란국에 넣거나 튀김으로 먹어도 맛있다. 생것 그대
로 먹기도 한다. 스시는 군함말이로 만드는데, 어렴
풋이 쓴맛이 있어, 생강 등의 고명을 얹어 거부감 없
이 먹을 수 있도록 만든다. 매끈하면서 부드러운 식
감은 단촛밥과 잘 섞이기 때문에 입안에서 혼연일
체가 된 풍미를 만들어낸다. 지방에 따라 이름이 각
양각색인데, 완전히 다른 물고기인 시로우오를 '시
라우오'라고 부르기도 해서 혼동하기 쉬운 것이 옥
의 티이다.

표준 일본 이름
가타쿠치이와시

나마시라스 [なましらす]

[멸치 , 정어리 등의 생 치어 , **Whitebait**]

생것 특유의 강한 바다향과 쓴맛
그리고 미끈거리는 독특한 식감

● 데이터

청어목 멸치과

주요 산지
혼슈의 서쪽 바다, 태평양 연안 등.

별명
–

제철 시기 (월)

● 포인트

가을 시라스는 살이 단단하고, 겨울을 대비하여 지방을 모아두었기 때문에 맛이 더욱 풍부해지는 경향이 있다.

시라스란 멸치나 정어리 등의, 흰색 치어를 총칭한다. 시라스는 삶지 않고 생것 그대로 스시를 만든다. 살아있을 때는 투명하지만 죽으면 흰색이 된다. 신선도가 급속히 떨어지는 생선이어서 금어기인 겨울에는 살아있는 시라스를 먹을 수가 없다. 마찬가지 이유로 생것으로 먹고자 한다면 가급적 산지 가까이에서 먹을 것을 권장한다. 마른 멸치나 뱅어포의 원료로 사용하는 것 외에는 삶아서 먹는 것이 일반적이다. 삶은 것과 생것 간의 큰 차이는 미끈미끈한 식감이 있느냐 여부이다. 생 시라스는 입안에서 미끄러지는 듯한 독특한 식감이 특징이다. 작은 물고기 특유의 어렴풋한 쓴맛과 강한 바다향을 지닌 풍미여서, 생강이나 산파 등의 고명과 함께 먹는 것이 좋다. 수분이 많기 때문에 가급적 군함말이를 두른 김이 눅눅해지기 전에 바로 먹는다.

다마고야키 [玉子焼き] [계란말이 , Tamagoyaki]

사실 참치에 필적할 정도로, 에도마에 스시에서 절대 빠질 수 없는 스시 네타이다. 에도 시대부터 제2차 세계대전 이전까지는 계란이 비쌌기 때문에, 계란말이는 고급스러운 스시 네타였다. 계란은 조리가 어려운 식자재여서 장인의 실력을 알아볼 수 있는 재료라는 말이 있듯이, 계란말이를 맛있게 만들 수 있다면 비로소 스시 장인으로서 한 사람의 자기 몫을 할 만한 실력을 갖추었다고 보는 전통이 있다. 또한 자유롭게 만들 여지가 많아, 식당마다 각양각색으로 연구하여 내놓는 계란말이를 살펴보는 것도 재미있다. 사진은 전용 계란말이 기기로 두툼하게 구워낸 계란말이와 단촛밥을 김으로 감은, 가장 일반적인 형태의 계란말이 스시이다. 계란 본래의 단맛과 매끈한 식감을 즐길 수 있다.

단촛밥의 단맛과 계란의
융합을 즐겨보자

● 데이터

별명
-

주요 산지
-

제철 시기 (월)
① ② ③ ④ ⑤ ⑥ ⑦ ⑧ ⑨ ⑩ ⑪ ⑫

● 포인트　전문업자가 만든 계란말이를 가져다 사용하는 스시집도 있다. 도쿄 쓰키지 시장의 장외시장에는 계란말이 전문점이 여러 곳 있는데, 이곳에서 만든 것은 '가시타마(河岸玉, 어시장 계란)'라고 부르기도 한다.

스시타마 [すし玉] [계란초밥 , Sushitama]

고급 스시집에서 먹을 수 있는 계란말이의 일종이다. 계란에 으깬 생선살을 첨가하고 맛술이나 설탕 등으로 맛을 낸 후, 위아래로 열을 가하며 구워낸다. 한가운데에 칼집을 넣고 단촛밥을 끼워 넣은 독특한 스타일이 재미있다. 단맛이 강하고 식감은 말랑말랑하며 부드럽다. 생선의 맛은 거의 느껴지지 않지만 생선살의 끈끈함은 약간 느껴진다. 또 스시집에 따라서는, 육수 국물에 계란을 풀어 말아 올린 계란말이 사이에 단촛밥을 밀어 넣거나, 으깬 생선살을 첨가하여 구운 얇은 계란말이로 단촛밥을 감싸기도 하는 등 모양에서도 맛에서도 식당의 개성이 드러나는 스시 네타이다.

선명하고 강렬한 단맛이 퍼지면
기분 좋은 뒷맛이 밀려온다

● 데이터

별명
-

주요 산지
-

제철 시기 (월)
① ② ③ ④ ⑤ ⑥ ⑦ ⑧ ⑨ ⑩ ⑪ ⑫

● 포인트　으깬 생선살을 넣고 구워낸 계란말이를 '스시타마'라고 부른다. 이것을 최초로 판매한 곳은 도쿄 쓰키지 시장에 있는 '스시타마 아오키(すし玉青木)'이다.

붉은살

흰살

등 푸 른 생 선

새우, 게

오 징 어 , 문 어

조개

생 선 알

▶ 기타

표준 일본 이름
니지마스

사몬 [サーモン]　　　　　[연어 , Salmon]

비릿함이 없는 강한 단맛
거부감 없이 먹을 수 있어 만족감도 높다

저렴하면서 단맛이 강하고 먹기에도 거부감이 없어, 회전스시에서 인기가 높은 연어. 이 때문에 나름의 고급 스시집 중에는 취급하지 않는 곳이 많다. 회전스시로 유통되는 것은 대서양산 연어(다이세이요우사케)와 사진에 나와 있는 무지개송어(니지마스)이다. 이것은 사몬트라우트*라는 인공 품종으로, 바다에서 양식되는 특별한 무지개송어인데, 몇 년 전부터 참치를 능가하는 인기를 얻으며 스시업계를 석권하고 있다. 어획량이 안정적이어서 가격이 저렴한데다 선명한 붉은 빛에 진한 단맛을 지녔고 생선의 비릿함이 거의 없어, 편안히 먹을 수 있는 것이 인기의 비결이다.

* 엄밀히 따지면 연어는 바닷고기이고 , 무지개송어는 민물고기이다 . 따라서 사몬트라우트는 민물고기인 무지개송어를 바다에서 양식한 것으로 연어와는 다른 품종이다 .

● 데이터

연어목 연어과

주요 산지

노르웨이, 칠레 등.

별명

사몬 트라우트, 트라우트.

제철 시기 (월)

① ② ③ ④ ⑤ ⑥ ⑦ ⑧ ⑨ ⑩ ⑪ ⑫

● 포인트

회전스시에서 가끔 보이는 '오로라연어'는 노르웨이 리로이(Leroy)사의 양식 연어이다.

표준 일본 이름
-

노리마키 [のり巻き]　　　　[김초밥 , Rolled sushi]

일반적으로 김은 아마노리(甘海苔, 참김)속의 식물을 가리키는데, 양식 김을 '노리(김)', 자연산을 '이와노리(돌김)'라 부른다. 에도 시대 이전부터 도쿄만 등지에서 아사쿠사노리(浅草海苔)를 양식하며, 도쿄 아사쿠사에서 번성했던 종이뜨기 기술을 조합하여 판형 김을 생산하게 되었다고 전해진다. 노리마키에는 후토마키*와 호소마키**가 있는데 에도마에에서는 주로 호소마키를 사용한다. 대표적인 호소마키로는 조린 박고지를 넣은 '간표마키(박고지 김초밥)'와 오이를 끼워 넣은 '갓파마키(오이 김초밥)'가 있다. 일본에선 보통 노리마키라 하면 간표마키를 가리킨다. 단맛 나는 간장으로 조린 박고지와 단촛밥은 최고의 궁합이다.

쫄깃쫄깃한 박고지와
단촛밥의 절묘한 조화

* 太巻き , 여러 속 재료를 함께 넣은 굵은 김초밥 . 김밥과 비슷 .
** 細巻き , 대개는 한 가지 속 재료만 넣은 가는 김초밥 .

● 데이터

김파래목 김파래과

주요 산지

홋카이도로부터 규슈에 이르는 일본 전역.

별명

-

제철 시기 (월)

① ② ③ ④ ⑤ ⑥ ⑦ ⑧ ⑨ ⑩ ⑪ ⑫

● 포인트

박고지는 '박'이라는 식물의 속을 얇게 벗겨 말린 식품이다. 이것을 간장에 조려 스시 네타로 사용한다. 도치기현의 명물 특산품이다.

붉은살

흰살

등푸른 생선

새우, 게

오징어, 문어

조개

생선알

기타 ▶

캘리포니아마키
[カリフォルニア巻き]

[캘리포니아롤 , **California roll**]

**아보카도와 마요네즈와
단촛밥이 만들어내는 새로운 맛**

캘리포니아주 로스앤젤레스에 있는 스시집에서 탄생한 것으로, 게맛 가마보코(어묵), 아보카도, 마요네즈 등을 단촛밥과 함께 말은 김초밥이다. 후토마키 형태의 스시로, 생 어패류는 사용하지 않으며 김이 안쪽으로 말리는 것이 특징이다. 이것은 미국인들이 생 어패류를 싫어하고, 김초밥의 김을 떼어내며 먹었기 때문이다. 1980년대에 미국 각지로 퍼지며 일본으로도 전해졌다. 지금은 선술집 등에서도 먹을 수 있는 스시이다.

도로타쿠
[トロタク]

[참치 갈빗살 단무지 김초밥 , **Toro taku**]

**참치 갈빗살의 진한 지방과 일본식 단무지의
풍미가 깊은 맛을 만들어낸다.**

참치 갈비뼈 부분인 나카오치 등에서 긁어낸 갈빗살에 일본식 단무지를 섞은 호소마키이다. '도로와 타쿠안(참치 갈빗살과 단무지)'인 셈이어서 도로타쿠라 부르게 되었다. 홋카이도의 스시집에서 처음 만들었다고 전해지며, 지금은 서일본을 중심으로 전국 각지로 퍼져 있다. 메뉴로 올리지 않은 식당에서도 비밀 메뉴로 취급하여, 요청하면 만들어주기도 한다. 단무지의 오독오독한 식감과 개운한 맛이 참치 갈빗살의 진한 지방과 잘 어울린다. 단촛밥은 단무지와 갈빗살 어느 쪽과도 궁합이 좋아 감칠맛의 삼위일체 하모니를 이룬다.

콘군칸
[コーン軍艦]

[옥수수 군함말이 , **Corn gunkan**]

**옥수수와 마요네즈의
맛있는 찰떡궁합 콤비**

옥수수를 마요네즈에 버무려 군함말이로 만든 스시이다. 회전스시에서만 볼 수 있는 창작 스시 네타지만 어린이들에게 인기가 높다. 김의 검은 색을 배경으로 옥수수의 노란색이 빛나는 모습이 예쁘다. 옥수수의 단맛과 마요네즈의 단맛이 상승작용을 일으켜 감칠맛을 이끌어내고, 김의 풍미와도 궁합이 좋다. 물론 단촛밥과도 잘 어울려 거부감 없이 먹을 수 있다. 가격이 저렴하여 부담 없이 집어들 수 있기 때문에 어른들도 간단한 입가심으로 즐겨 먹는다.

스시의 기초 지식

[등지느러미 측]

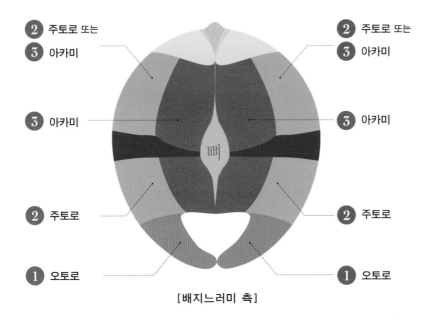

② 주토로 또는
③ 아카미

② 주토로 또는
③ 아카미

③ 아카미

③ 아카미

뼈

② 주토로

② 주토로

① 오토로

① 오토로

[배지느러미 측]

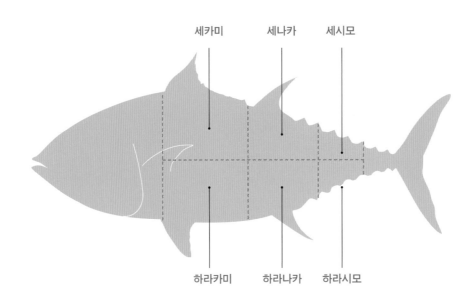

세카미   세나카   세시모

하라카미   하라나카   하라시모

도로는 어느 부위?

❷ 주토로

피하 지방이 많은 부분. 일반적으로 도로는 뱃살이지만 양식이나 제철 시기의 대형 참치에는 등살 부분에도 존재한다.

❶ 오토로

참치 배지느러미 측에 있는 하라카미 부분의 살. 내장을 감싸는 힘줄이 많아 참치 부위 중 지방이 가장 많다.

참치 부위 중, 지방을 듬뿍 함유한 부분을 '도로'라고 부른다. 이 이름은 살이 '도로리(쩐득)'하기 때문에 붙여졌다. 한 단계 더 나아가면 도로는 오토로와 주토로로 나누어진다.

도로는 주로 배 부분의 피하 지방살. 배 앞부분(하라카미)에 가장 많고 중간, 끝으로 갈수록 적어진다. 등 부분의 피하살이 주토로인 경우도 있다.

등과 배의 차이점

참치는 등 측과 배 측 두 부분으로 나누어지며, 몸통 앞쪽부터 꼬리에 걸쳐 상, 중, 하로 삼등분된다. 배 측은 내장을 감싸는 부분이어서 오토로와 주토로가 많다. 등 측은 대부분이 아카미지만 양식이나 지방이 충분히 오른 제철 참치에는 주토로도 다소 있다. 6등분한 참치 중에 가장 가격이 비싼 것이 배 앞부분인 하라카미이며, 가장 저렴한 것은 등 끝의 꼬리 부분인 세시모이다. 이런 까닭에 시장에서는 참치의 배와 꼬리를 살피고, 심지어는 꼬리 일부를 도려내어 그 참치의 질을 확인한다.

지방이 얼마나 올라 있는지 등의 참치 상태를 살피기 위해, 구매자는 꼬리를 꼼꼼히 관찰한다. 좋은 참치를 구매하려면 이런 감정 절차가 필요하다.

풍부한 활용

참치의 특징 중 한 가지는 다양한 부위가 활용된다는 점이다. 오토로, 주토로, 아카미 외에도 갈비뼈살인 '나카오치(中落ち)', 볼살인 '호오미(ほお身)', 가슴지느러미인 '가마토로(カマトロ)', 머릿살인 '하치노미(はちの身)' '쓰노토로(頭トロ)' 등으로 불리는 것들이 있는데 이것들은 모두 희소한 스시 네타이다. 또 아카미는 참치 회덮밥이나 해물덮밥, 김초밥 등 다양하게 요리될 만큼 응용의 여지가 많은 부위이기도 하다. 한 마리의 참치로부터 다양한 종류의 맛을 끄집어내는 것은 역시 사람들이 참치를 좋아하기 때문일 것이다.

네기토로는 다양한 참치의 활용법 중에서도 으뜸이다. 뼈에 붙은 살을 사용한다는 점에서, 참치를 향한 열정이 드러나는 스시이다.

기원전

1 동남아시아에서 탄생

스시의 근원지는 동남아시아이다. 산악 지역 주민들의 생선 보존식이 스시의 기원이라는 설과 벼농사 지대에서 탄생했다는 설이 있는데 자세한 것은 확실치 않다. 다만 동남아시아의 어패류 보존 방법이나 보존식이 스시의 기원이라는 의견은 공통적이다. 기원전 중국에서는 이미 스시를 가리키는 한자가 있었는데, '鮨'와 '鮓'가 그것이다. 여기에도 여러 설이 있지만, '鮨'는 생선살 등의 발효식품(젓갈)을 가리키고 '鮓'가 스시 자체를 가리키는 정확한 한자이다. 일본에서 사용하는 '寿司'는 실은 한자 본래의 뜻과 관계없이 음을 빌려 쓴 치환 문자이다.

8세기 무렵

2 태고의 스시

스시가 일본에 전해진 것은 나라 시대(奈良, 710~794년) 무렵으로 전해진다. 그 당시 스시는 오늘날의 니기리스시*가 아니라 '나래즈시'의 일종이었다. 이것은 어패류를 밥에 절여 유산 발효시킨 것이다. 완성되기까지는 수개월에서 수년이 걸려, 보존식이란 의미가 강하다. 현재에도 이 나래즈시를 만드는 지역이 있는데, 대표적인 것이 사가현의 명물 특산품인 '후나즈시**'이다. 붕어 내장을 제거하여 염장한 후 밥과 함께 절인 것인데, 강렬한 냄새가 특징이다. 흐물흐물하게 녹은 밥은 제거하고 붕어만 먹는다.

* 握り寿司, 손으로 쥐어 만든 밥 위에 어패류를 얹은 일반적 형태의 스시.
** ふなずし, 한국의 가자미식해와 유사한 붕어식해. 일본에서는 가자미 대신 일본 토종 붕어를 사용하여 담근다.

13세기 무렵

3 밥으로의 변화

나래즈시의 발효 과정에서는 밥이 흐물흐물하게 녹아버려 밥은 제거하고 생선만 먹는다. 이러던 것에서, 밥도 먹게 된 것은 가마쿠라 시대(鎌倉, 1185~1333년)부터 무로마치 시대(室町, 1336~1573년)에 걸쳐서이다. 나래즈시의 발효 시간을 단축해 밥알이 아직 남아 있는 상태에서 먹었는데, 이것을 '나마나래즈시'라 부른다. 나마나래즈시는 밥도 함께 먹는 형태여서 이것으로부터 밥과 어패류를 함께 먹는 문화가 시작되며, 보존식이란 카테고리가 요리로 바뀌었다고 할 수 있다.

14세기 무렵

4 오시즈시의 탄생

무로마치 시대의 나마나래즈시를 거쳐, 오사카즈시의 원형이 된 '하코즈시(P123)'가 탄생했다. 이 무렵 식초가 만들어지며 유산발효는 생선이나 밥에 직접 식초를 치는 것으로 대체되었다. 이것을 '하야즈시'라 부르는데, 하코즈시도 이와 비슷한 시기에 탄생했다. '고케라'라 부르는 생선 토막을 밥 위에 얹어 절인 음식인데, 나무판 등으로 눌러 절이면서 '오시즈시*'라고도 부른다. 그리고 이 무렵부터 사용하는 생선도 민물고기에서 바닷고기로 바뀌었다고 한다.

* 일본어로 오시(押し)는 누르기, 하코(箱)는 상자를 의미.

오사카즈시의 현재 모습. 제조법은 하코즈시(=오시즈시)의 전통을 이어받아, 상자에 밥과 어패류를 넣고 눌러서 만든다.

공익재단법인 오사카 관광국

지금도 비와호수 부근에서 먹을 수 있는 '후나즈시'. 사가현 향토 요리로 비와호수에서 잡히는 '니고로부나'란 일본 토종 붕어를 사용한다.

비와코 관광사무국

니기리스시가 전국으로 7️⃣
20세기 무렵

도쿄의 향토요리에 불과했던 니기리스시가 전국으로 확대된 것에는 두 가지 계기가 있었다. 한 가지는 다이쇼 시대(1912~1926년)의 간토대지진. 피해를 본 도쿄의 스시 장인들이 귀향하여 전국으로 흩어지며 에도마에 스시가 확산하였다. 또 한 가지는 제2차 세계대전. 전쟁으로 인한 식량난으로 음식점 영업이 금지되었었는데 '한 홉(180㎖)의 쌀로 스시 10점을 만든다'는 조건으로 스시집은 영업을 허가받았다. 이 때문에 스시집을 운영하는 사람이 급증했다. 덧붙이자면, 이때의 스시 크기가 오늘날 스시 한 점 크기의 기준이 되었다고 한다.

에도마에 스시의 탄생 5️⃣
19세기 무렵

무로마치 시대 이후, 스시는 밥을 식초로 맛내는 '하야즈시'로 점차 바뀌었다. 현재의 니기리스시가 탄생한 것은 에도 시대 분세이 시기(文政期, 1820년 무렵)이다. 창안자는 에도의 스시 장인이었던 하나야 요헤에(華屋與兵衛) 또는 사카이야 마쓰고로(堺屋松五郎)라고 전해진다. 이 때문에 '에도마에 스시'로 불리게 되었다. 당시에는 식당 안에서뿐 아니라, 길거리에 세워진 포장마차에서도 스시를 먹었다. 지금으로 치면 패스트푸드의 느낌으로 에도 사람들이 스시를 먹었으리라 생각된다. 스시 한 점의 크기는 지금보다 컸다.

제2차 세계대전 이후에, 니기리스시를 비롯한 김초밥, 군함말이 등 지금의 스시와 똑같은 모양이 만들어졌다.

에도 시대의 포장마차 스시집. 사진은 당시의 포장마차를 복원한 것으로 'MIZKAN MUSEUM'에서 볼 수 있다.

주식회사 Mizkan Holdings

근대의 스시 8️⃣
\현재!/

1980년대 무렵부터 스시가 생선과 쌀로 만들어진 건강에 좋은 음식으로 인식되면서, 미국에서 제1차 스시 붐이 일었고 각지에 '스시바'가 생겨났다. 이는 해외에서 스시가 확산한 계기가 되었다. 같은 시기 일본에서 점포수가 늘어난 것이 회전스시이다. 저렴한 가격과 쉽게 들릴 수 있는 편안한 분위기가 인기를 끌며 스시의 대중화를 촉발했다. 니기리스시가 만들어진 지 불과 200년밖에 지나지 않았지만, 현재 스시는 전 세계에서 대표적인 일본 음식으로 자리 잡았다.

활어 스시의 등장 6️⃣
메이지(1868~1912년)~쇼와(1926~1989년)

에도마에 스시는 에도 시대 중후반에 탄생했다. 이것은 오사카로도 바로 전해졌지만 당시에는 그다지 확산되지 않아, 에도마에 스시는 에도(도쿄) 향토요리 정도의 존재였다. 그리고 메이지 시대에 들어서며 얼음 제조가 가능해지자 활어를 스시 네타로 사용하게 되었다. 그때까지의 스시는 부패를 방지하기 위해 대부분 식초에 절이거나 익히거나 간장에 절이는 등의 가공을 거쳤다. 등푸른 생선은 초절임하고 조개류는 익혀서 스시를 만들었는데, 지금의 스시에서도 이 시대의 흔적을 발견할 수 있다.

【고추냉이】
Wasabi

와사비는 아스카 시대(飛鳥, 538~709년)부터 사용했다고 전해진다. 헤이안 시대(平安, 794~1185년)에는 일본에서 가장 오래된 약초사전인 '혼조와묘(本草和名)'에도 '山葵(와사비)'란 글자가 적혀있다. 현재는 나가노현의 아즈미노시, 시즈오카현의 시즈오카시에서 주로 생산된다. 가을부터 겨울까지가 제철로, 이 시기가 되면 단맛이 증가하며 특유의 풍미를 갖는다.

냉장고가 없던 시절, 생선 비린내를 없애고 살균 작용으로 부패를 막아주는 와사비는 니기리스시에 없어서는 안 될 존재였다. 에도마에 스시에는 애초부터 와사비가 사용되었다. 냉장고 등 스시 네타의 보존 기술이 발전한 현대에도 부패를 방지하고 비린내를 제거하는 본래의 역할은 그대로이다. 다만 최근에는 스시 네타가 더욱 돋보이도록 와사비의 맛과 향을 중시한다. 와사비를 갈아서 공기와 닿게 하면, 효소의 작용으로 특유의 매운 성분이 활성화된다. 고급 스시집에서는 상어 껍질로 간다고도 하지만, 이는 그때그때 다르다. 성긴 강판을 사용하면 단맛이 강해지고, 상어 껍질과 같이 결이 고운 강판으로 갈면 매운맛이 강해진다. 어느 쪽을 더 중요시하느냐가 식당의 개성이다. 회전스시 등에서 볼 수 있는 분말형 와사비는 일본 와사비*나 서양 와사비, 서양 겨자를 원료로 만드는데, 매운맛이 오래 지속되는 특성이 있다.

* 일본 마트에서 판매하는 와사비 중 '本わさび'는 일본 와사비, '生わさび'는 일본 와사비와 서양 와사비를 혼합한 것이다. 일본 와사비가 서양 와사비보다 덜 맵지만 맛이 풍부하다.

【김】
Nori

김초밥, 군함말이 등의 경우처럼, 김은 에도마에 스시에서 없어서는 안 될 존재이다. 스시에 사용하는 김은 향, 씹는 맛, 입에 녹는 느낌이 생명이다. 에도마에 스시에서는 일반적으로 김을 살짝 구운 후 사용한다. 김에 남은 수분을 날리면 향도, 씹는 느낌도 좋아지고 소화하기도 좋다. 또한 불에 닿으면서 김의 세포가 부서져 감칠맛도 생긴다. 김에는 앞뒷면이 있는데 매끈매끈한 쪽이 앞면이며, 불을 쏘이는 쪽은 뒷면이다. 스시 네타에 따라 김의 품질이나 생산지를 고려하며 사용하는 것은 장인 정신의 일환이다. 스시집에서 김을 사용한 스시는 바로 먹도록 한다. 구운 김은 습해지기 쉬워 바로 먹지 않으면 김이 눅눅해지며 향도 식감도 나빠져버린다. 장인도 김을 사용하는 스시는 가능한 한 빨리 만들어내므로, 먹는 쪽에서도 이런 마음에 답해주었으면 한다.

김은 나라 시대부터 이용되어, 대보율령(大宝律令)에도 조세 대상으로 삼았다는 기록이 있다. 김초밥의 기원에는 여러 설이 있지만 18세기에 이미 먹었다고 한다. 군함말이를 고안한 곳은 미디어에도 가끔 등장하는 긴자의 '큐베이(久兵衛)'이다.

【생강】
Syoga

생강의 가장 큰 역할은 생선 비린내를 없애 거부감 없이 스시를 먹을 수 있도록 하는 것이다. 따라서 가다랑어 스시 등 특유의 냄새를 지닌 스시 위에 얹는 경우가 많다. 그리고 이처럼 고명으로 사용하는 것 이외에도, 스시집에서 많이 사용하는 초생강이 있다. '가리(ガリ)'라고 부르는 이것은 얇게 저민 생강을 식초에 절인 것이다. 한입 먹으면 입안이 개운해져 다음 스시를 먹기 전 입가심하기에 최고이다. 초생강을 만들 때는 대부분 오우미(近江) 생강이라는 전용 생강을 사용한다. 생강 껍질을 벗겨 살짝 데친 후에 물에 담가 떫은맛을 제거한다. 그런 후에 맛이 나도록 식초에 절여서 만든다. 옛날에 비해 초생강 맛이 달아졌다는 세평이 흥미롭다. 최근에는 초생강 전문점에서 구매하는 경우도 있지만, 아직은 직접 만드는 스시집도 많다. 이런 식당에서는 햇생강이 출하되는 8~9월에는 연일 생강 껍질 벗기기에 쫓길 만큼 바쁘다고 한다.

고사기(古事記)에 기록될 만큼, 일본에서는 옛날부터 생강을 사용했다. 생강 생산량은 고치현이 단연 1등이며 그다음으로 구마모토현, 미야자키현이 많다. 이것은 생강이 고온다습한 기온을 좋아하여 고치의 풍토와 잘 맞기 때문이다.

【간장】

Syoyu

간장의 역사에는 여러 설이 있지만 나라 시대에 중국으로부터 간장의 원형이 전해졌다는 설이 가장 유력하다. 아즈치모모야마 시대(安土桃山, 1568~1603년)에 일본 최초의 간장가게라 불리는 다마이쇼(玉井醬)가 된장과 간장을 만들기 시작했다. 에도 시대에는 진간장이 등장하여 스시 외에도 튀김, 국수 등에 사용되었다.

니기리스시를 먹을 때 가장 마지막에 사용하는 조미료이다. 이 때문에 간장에도 각 식당의 장인정신이 담겨 있다. 나름의 실력 있는 스시집에서 식사할 때, 스시가 나오기 직전에 솔로 무언가를 바르는 경우가 있다. 이것이 '니쓰메' 또는 '니키리'이다. 두 가지 모두 간장을 기본 재료로, 식당마다 각자 만든다. 니쓰메는 붕장어나 백합 등을 마무리할 때 바르는데, 걸쭉하면서 맛이 진하다. 붕장어 등을 삶은 국물에 간장, 설탕, 맛술 등을 넣고 조려서 만든다. 니키리는 진간장에 맛술이나 육수 등을 넣고 가볍게 끓여낸 것인데, 대부분의 스시는 이 니키리와 함께 먹는다. 스시집 자리 앞에 놓인 간장병 안에는 대부분 이 니키리가 담겨있다. 또한 절이거나 삶은 네타에 사용하는 간장도 스시 장인이 엄선한다. 간장 종류*에는 고이구치(濃口, 진간장), 우스구치(薄口, 옅은 국간장), 다마리(たまり, 흑간장)**, 사이시코미(再仕込み, 재담금간장)***, 시로(白, 백간장)**** 등이 있는데, 이 중 스시 네타에 어울리는 것으로 선택한다.

* 일본농림규격(JAS)에 따른 일본 간장 분류.
** 다마리란 된장 만들 때 된장에서 떨어지는 액체이다. 한국의 재래간장과 비슷하다, 흑색을 띠며 진한 감칠맛이 있어 회나 스시와 잘 어울린다.
*** 소금물 대신 간장을 이용해 만들어 재담금이라 부른다. 다른 간장에 비해 색, 맛, 향이 모두 강하지만 짠맛은 덜해 회나 스시와 잘 어울린다.
**** 콩보다 밀을 많이 사용하여 색이 연하고 단맛이 강하며 담백하다. 맑은국, 절임, 달걀찜 등에 쓰인다.

【소금】

Sio

식초와 마찬가지로 니기리스시에 사용한다. 스시에 사용하는 소금은 기본적으로 천연소금이다. 단촛밥을 만드는 혼합초 안에 소금이 포함되어 있어, 옛날 에도마에 스시는 식초와 소금만으로 단촛밥을 만들었다. 최근에는 설탕, 맛술, 육수 등을 첨가한 달콤하면서 부드러운 단촛밥을 선호하지만, 여기에도 약간의 소금을 첨가하면 감칠맛이 더욱 두드러진다. 또 소금은 네타를 밑준비할 때에도 사용한다. 소금은 세균의 번식을 막고 부패를 방지해주지만, 이외에도 중요한 역할이 있다. 등푸른 생선은 초절임을 하기 전에 소금을 뿌리는데, 이때 소금의 양에 따라 네타의 맛이 크게 바뀐다. 소금의 삼투압 작용으로 네타의 남은 수분과 냄새가 제거되어, 초절임할 때 그만큼 식초 흡수도 좋아지기 때문이다. 또한 소금이 네타로 침투하면서 감칠맛의 원천인 아미노산이 대량으로 만들어져 맛이 좋아지는 효과도 있다.

사람이 사는 데 중요한 자원인 소금은 세계적으로 아주 먼 옛날부터 기록이 남아 있다. 암염이 있는 나라에서는 그것에서 소금을 취했지만, 일본에는 암염이 없어 바닷물로 소금을 만들었다. 옛날 조몬 시대부터 소금을 만들었다는 기록이 있다.

【식초】

Su

니기리스시 탄생의 토대가 된 조미료가 식초이다. 에도 시대 이전에 스시는 오랫동안 절여두는 발효식품이었다. 하지만 식초의 부패 방지, 살균 효과 덕분에 오래 절이지 않고도 바로 스시를 먹을 수 있게 되었다. 이외에도 니기리스시를 만들 때 식초가 수행하는 역할은 많다. 밥에 섞어 단촛밥인 샤리를 만들고, 스시 네타의 냄새를 잡아주며, 표면의 세균을 씻어내기 위해 식초를 사용하기도 한다. 초생강을 만들거나 전어 등의 초절임에도 사용한다. 식초에는 쌀식초와 술 빚은 후 남은 찌꺼기인 술지게미를 발효시킨 적식초가 있는데, 에도마에 스시에서는 적식초를 사용하는 것이 정통이었다. 에도 시대에 발명된 적식초가 확산되며 스시집으로 보급되었지만, 현재 대부분의 스시집에서는 쌀식초를 사용한다. 단 스시 네타에 따라서는 적식초를 사용하는 식당도 있으니, 한번 먹어보는 것도 좋을 듯하다.

식초가 역사에 처음 등장한 것은 기원전 5000년 무렵의 바빌로니아까지 거슬러 올라간다. 일본에 전해진 것은 5세기 무렵. 중국으로부터 술 제조기술과 함께 전해졌다. 이후 식초는 중요한 요리 재료로 보급되었다.

【샤리란】

샤리(シャリ)란 니기리스시나 지라시스시 등에 사용하는 단촛밥이다. 스시라 하면 주로 네타 쪽이 주목을 받지만 '스시의 맛은 샤리가 60%'라고 할 만큼 샤리 역시 중요하다. 스시 네타의 맛을 받아주는 토대로서 생선의 맛을 끌어올리기 때문에, 스시의 조연 중에서도 가장 중요한 존재이다. 사용하는 쌀은 식당마다 신중하게 선별한다. 품종은 고시히카리나 사사니시키를 많이 사용하는데, 고시히카리 중에서도 니가타현의 고가품을 사용하는 식당도 있지만, 햅쌀과 묵은쌀을 섞어서 밥을 짓는 식당도 있는 등 천차만별이다.

햅쌀과 묵은쌀을 섞는 이유는, 수분이 적은 묵은쌀을 섞어줌으로 수분이 적당히 빠진 밥을 짓기 위해서이다. 여기에 식초를 섞으면 쌀이 식초를 흡수해 맛있어지면서도 산뜻해져, 딱 알맞은 수분을 지닌 샤리가 된다. 반대로 쌀이 식초를 적절히 흡수하지 못하면 찐득찐득한 단촛밥이 된다. 그러면 식감이 나빠지고 스시 네타의 신선함도 퇴색되어 샤리로서는 좋지 않은 단촛밥이 되어버린다.

묵은쌀

햅쌀

쌀의 품질은 지역이나 그해 작황에 따라서도 달라지므로, 혼합 비율이나 밥 짓는 물의 양도 그때그때 상황에 따라 조정한다. 상황에 맞춘 최적의 혼합 비율은 식당마다 독자적이다. 샤리에 식초를 섞는 이유에 대해서는, 부패 방지를 위해서라든가 새콤한 맛을 주기 위해서 등 여러 가지 설이 있다.

【샤리의 온도와 맛】

막 지은 밥을 샤리통에 넣는다. 따뜻할 때 식초를 섞은 샤리는 특유의 윤기가 흘러 아름답다. 재빨리 섞는 것이 중요하다.

사람 피부 온도 정도의 샤리로 스시를 만들면 네타가 살짝 따뜻해지며 감칠맛이 증가한다. 반면 쉽게 상해버리는 경우도 있다.

샤리를 만들 때, 따뜻한 밥에 식초를 섞은 후 선풍기나 부채로 바람을 쐬어준다. 이는 빠르게 식혀서 수분을 날리고 쌀의 표면에 식초의 얇은 막을 만들기 위함이다. 이렇게 하면 생김새도 혀의 감촉도 좋으면서 윤기가 흐르는 샤리가 되며, 식초의 자극적인 냄새도 제거된다. 샤리의 온도는 사람의 피부 온도 정도가 가장 좋지만 최근에는 차갑게 만드는 샤리도 늘고 있다.

샤리의 맛을 결정하는 것이 혼합초이다. 일반적으로 혼합초란 쌀을 양조한 백식초에 설탕, 맛술, 소금 등을 첨가하여 섞은 것이다. 에도 시대의 혼합초는 식초에 소금만 첨가한 산뜻한 맛이었지만 현재에는 단맛이나 감칠맛이 도는 부드러운 맛이 주류이다. 혼합초는 밥에 맛을 더하기 위함이지만, 간사이 지방에서는 쌀로 밥을 지을 때 육수를 사용하거나 설탕을 조금 섞어 짓는 것으로 맛을 내기도 한다. 혼합초의 배합은 당연히 식당마다 다르다.

[주걱]

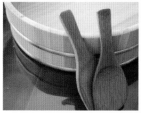

밥과 식초를 섞을 때 사용한다. '자르듯 섞는다'는 말이 있는데, 이것은 밥알이 으깨지지 않도록 하기 위함이다.

[부채]

혼합초를 섞은 후 샤리를 식히기 위해 사용한다. 부채 대신 선풍기를 사용하는 식당도 있다.

[샤리통]

밥과 식초를 섞는 나무통. 스시통이라고도 한다. 나무를 사용하는 것은 밥의 남은 수분을 흡수하기 위함이다.

Q. 스시 1개분(一貫)은 한 점? 두 점?

A. 여러 설이 있지만 일설에 따르면, 옛날의 니기리스시는 지금보다 컸지만 제2차 세계대전 이후 (식량난으로 인한 요식업 규제에 맞추기 위해) 스시를 작게 만들면서 스시를 2점씩 올리게 되었다고 한다. 1개분(一貫)이 스시 두 점인 경우를 '닛카즈케(2個づけ)'라고 부른다*

Q. 스시 한 점의 무게는?

A. '한 홉(180ml)의 쌀로 스시 10점을 만든다'가 현대 스시 크기의 기준이 되었다. 한 홉의 쌀로는 약 350g의 밥이 만들어진다. 이것의 1/10 무게인 35g 정도가 샤리의 무게로, 여기에 네타의 무게가 더해지면 스시 한 점의 무게는 약 40g이다.

Q. 옛날에는 샤리가 붉은색?

A. 에도마에 스시가 탄생할 당시에는 스시용 식초로 적식초를 사용하였다. 적식초란 술지게미를 발효시켜 만든 식초로, 현재 주로 사용하는 백식초보다 향이 강하고 쌀이 붉어지는 특징이 있다. 백식초보다 가격이 저렴하여 스시용 식초로 널리 보급되었다.

Q. 적식초를 발명한 사람은?

A. 아지퐁**으로 유명한 미즈칸 그룹의 창업자인 나카노 마타자에몬(中野又左衛門)이다. 현재의 아이치현 한다시에서 주조업을 운영하던 마타자에몬 씨가, 에도에서 유행하던 스시를 접하고는 식초의 수요가 증가하리라 예상하여 제조를 시작한 것이 시초이다.

* 일본에서 스시를 세는 단위는 '간(貫)'으로, 주문할 때에는 '0간 오네가이시마스'라고 하면 된다. 1간이면 보통 두 점의 스시(고급 재료는 한 점)가 나온다.
** 味ぽん, 1804년 창업한 미즈칸 그룹에서 1964년부터 발매한, 간장보다 염분이 적어 맛이 순한 식초소스.

초급편

鰯

이와시 (정어리)

매우 예민해서 육지로 잡아 올리자마자 약해져 버려 '弱し(약자)'가 어원.

鰤

부리 (방어)

겨울 중에서도 음력 섣달 즈음이 최고 제철인데, 지방이 너무 많아 지방에 둔감해졌다는 설.

鯖

사바 (고등어)

등푸른 생선, 표면이 푸른빛이어서 '青魚'라 쓰던 것이 한 글자로 바뀌었다.

鮃

히라메 (광어)

몸이 평평하여 '平'이 사용되었다 '平目(히라메)'라고 쓰기도 한다.

입문편

鯛

다이 (도미)

일본 주변(周) 어디서든 잡히므로 이런 한자가 붙었다. '다이'라는 이름은 몸이 평평하기 때문.*

鮪

마구로 (참치)

등이 검은 것을 의미하는 '真黒(마구로)' 눈이 검은 '眼黒(메구로)' 등이 어원이다.

鮭

사케 (연어)

술에 취한 듯 붉은살이어서, 살이 잘 찢어져서, 아니면 아이 누어라는 등 이름의 유래는 여러 가지.

鰹

가쓰오 (가다랑어)

말리면 딱딱해져, 堅(가타이) 魚(우오)가 이름의 어원이란 설이 있다.

상급편

鰈

가레이 (가자미)

오른쪽 문자는 '葉'. (잎사귀처럼) 얇고 평평한 감김새여서 이 한자가 붙었다.

鮑

아와비 (전복)

조개지만 해산물이어서 부수로 '魚'가 붙었다. 중국에서 잘못 전해진 한자라는 설도 있다.

鰕

에비 (새우)

에비는 원래 포도**를 뜻하지만, 색깔이 비슷하여 이렇게 불리게 되었다고 한다.

鯣

스루메 (오징어)

같은 이름의 가공품도 있지만, 이름은 오징어의 습성인 '스미무레(먹물 무리)'에서 비롯되었다.

중급편

鱚

기스 (보리멸)

'喜'는 기(き)로도 읽히는데, 기스란 이름 중 발음이 같아 이런 한자가 붙었다.

鱸

스즈키 (농어)

'盧'에는 검다는 의미도 있는데, 몸에 검은 점이 많아 이 한자를 사용한다.

鰆

사와라 (삼치)

제철이 봄이어서 '春'이 붙었다. 이름은 배가 홀쭉하단 의미의 '狹腹(사하라)'가 어원.

鱈

다라 (대구)

눈처럼 살이 희어서 또는 눈 내리는 겨울 생선이어서 등의 설이 있다.

스시에 사용하는 어패류 이름은 일반적으로 일본 문자인 히라가나로 쓰는 경우가 대부분이지만, 스시 마니아가 되고 싶다면 한자도 읽을 수 있도록 익혀 두는 것이 좋다. 갑작스레 생선의 한자가 나와도 당황하거나 허둥대지 않고 막힘없이 척척 읽는다면 틀림없이 멋있어 보일 것이다.

---

* 平 (평평하다) 의 일본어 발음이 다이 (たい) 이다 .
** 포도의 일본 옛 이름이 에비카즈라 (葡萄蔓) 이다 .

맛있는 스시를 먹는 방법

스시 집는 방법

젓가락파

니기리스시

위로부터 집어 올리면 스시 네타와 샤리가 분리되면서 스시가 망가져버려 맛이 반감된다.

\ OK! /

스시를 눕힌 후 젓가락을 옆에서부터 끼워 집는다. 집어 올렸을 때 스시 네타와 샤리가 분리되지 않도록 하기 위함이다.

예전에 스시는 으레 손으로 집어 먹는 것이라 생각했지만, 최근에는 젓가락으로 먹어도 상관없다. 다만 젓가락으로 스시를 집을 때에는 약간의 요령이 있다.

군함말이

니기리스시처럼 옆으로 눕혀서 집는 것은 피한다. 옆 부분은 먹을 때 베어 물기 쉬울 수도 있지만 그렇게 되면 스시가 흐트러진다.

\ OK! /

스시의 옆쪽으로 끼워 넣듯이 집는다. 스시 네타를 떠받치는 김 부분에는 가급적 닿지 않도록 한다.

군함말이의 경우, 옆을 집어 위로 드는 것이 좋다. 김이 샤리와 스시 네타를 단단히 연결해주기 때문에 간단히 집을 수 있다.

유일무이의 맛 이나리즈시 (유부초밥)

유부를 달짝지근하게 조려, 단촛밥을 채워 넣기만 하면 되는 단순함 덕분에 유부초밥은 가정에서도 손쉽게 많이 만들어 먹는다. 기원은 확실하지 않지만 에도 시대 말기에 이미 있었다고 한다. 만들기 단순한 만큼 준비가 쉽고, 단촛밥에 표고버섯 등의 재료를 섞거나, 밥에 붉은색을 입히는 등 지방에 따라 만드는 방법이 다른 점도 재미있다.

김초밥

\ OK! /

여러 개의 김초밥이 달라붙은 상태로 받은 경우, 미리 조금씩 옮기어 떨어뜨려 놓는 것이 좋다.

니기리스시처럼 옆으로 눕혀서 집어 올리는 것이 베스트. 입에 넣을 때 김 부분을 위아래로 베어 물어야 먹기에 편하다.

\ OK! /

옆으로 쥐게 되면 스시 모양이 흐트러지고, 스시 네타와 샤리가 분리되어 먹을 때의 맛이 반감된다.

스시를 옆으로 눕혀서 집는다. 눕혀 집는 것을 하나의 동작으로 이어서 한다면 조금 통달한 듯한 느낌.

니기리스시

최근에는 손이 더러워지는 것을 꺼리지 않는 사람도 많아져, 멋을 뽐내고 싶다면 한번은 도전해보고 싶은 방식이다. 눕혀서 먹는 것은 젓가락으로 먹을 때와 같다.

\ OK! /

위로부터 집으면, 입 가까이에서 손가락 위치가 겹치지 않도록 바꾸게 되면서 스시 모양이 흐트러지므로 피한다.

옆에서부터 끼워 집는다. 가능한 한 손가락 위치를 중간보다 약간 낮게 하면 입으로 옮길 때 깔끔하다.

군함말이

젓가락과 마찬가지로 옆으로부터 집는다. 시간이 지나면 김이 눅눅해지므로 스시가 나오면 바로 먹도록 한다.

물수건 (오시보리) 사용법

손으로 스시를 먹을 경우 물수건을 자주 사용하자. 앞서 먹은 스시의 맛을 손가락에 남기지 않으려는 의미도 있다.

고급 스시집에서 제공되기도 하는 손가락용 물수건. 먹기 전엔 보통의 물수건으로, 스시를 먹는 동안엔 손가락용 물수건으로 나누어 사용하면 편리하다.

\ OK! /

중간에서 약간 아랫부분을 집으면 속재료까지 단단히 쥘 수가 있다. 이러면 씹을 때 속재료가 잘 튀어나오지 않는다.

김초밥

역시 젓가락과 마찬가지로, 옆으로 눕혀 집는 것이 먹기에 편하다. 베어 물 때 속 재료가 튀어나오는 사람은 손가락 위치를 바꿔서 먹어보자.

니기리 스시

간장을 스시 어느 부분에 묻혀 먹느냐에 따라, 맛이 크게 달라진다. 가장 맛있게 먹는 방법은 네타와 샤리 양쪽 모두에 간장을 묻혀 먹는 방법이다.

위아래로 쥐면, 네타에는 간장이 묻지 않아 맛의 깊이가 우러나지 않는다.

스시를 옆으로 쥐고, 네타와 샤리가 동시에 간장에 닿도록 찍는다.

군함말이

군함말이는 간장을 어떻게 묻혀야 좋을지 헤매기 쉽다. 샤리에 간장을 묻히려 해도 바깥쪽이 김으로 둘러져 있고, 네타에 묻히려 해도 뒤집어져서 간장접시로 네타가 떨어져버릴 위험이 있다. 이런 군함말이에 간장을 묻히는 방법에 관한 지론은 주로 두 가지이다. 초생강에 간장을 묻혀 바르거나, 간장병으로 직접 군함말이에 간장을 떨어뜨리는 방법이다. 좋은 방법은 아니지만 간장접시에서 직접 묻혀 먹어도 틀린 것은 아니다. 이 경우에는 군함말이를 똑바로 세운 채로 집어서, 김 아랫부분에 간장을 살짝만 묻히면 된다. 이러는 이유는 지나치게 간장을 많이 묻히면 김의 바삭함이 없어지기 때문이다. 김의 향과 식감도 군함말이가 맛있는 요소 중 하나이기 때문에 풍미를 잃지 않도록 조심한다.

니기리스시처럼 옆으로 눕혀 집으면, 네타가 간장접시에 빠져버린다.

간장병을 사용한다

간장병으로 직접 네타에 간장을 떨어뜨린다. 간장이 너무 많이 나오지 않도록 조금씩 기울이는 것이 중요하다. 간장병 주둥이가 네타에 닿지 않도록 하는 것도 중요한 매너이다.

초생강으로 바른다

젓가락으로 초생강을 한 점 정도 집어, 간장에 가볍게 찍은 후 솔로 바르듯이 네타 부분에 간장을 바른다. 초생강이 없으면 곁들여 나온 오이 등을 대신 사용해도 좋다.

\OK!/

간장의 양

접시 가득 부은 간장이, 도리어 스시에 간장을 너무 많이 묻히게 되는 원인이다, 대부분 다 쓰지도 못하고 식사가 끝난다.

간장병을 한번에 기울이면 간장이 너무 많이 쏟아져버리므로 신중히 붓는다.

간장이 스시에 너무 많이 묻지 않도록 하기 위해 접시에 담는 간장의 양을 조금만 하는 것이 좋다. 먹다가 부족해지면 더 부어 넣는다.

간장접시의 1/2 정도로 간장을 붓고, 간장을 추가로 부어가며 먹는다.

니키리 (煮切り, 일본식 조림간장)

진간장에 맛술이나 육수 등을 넣고 가볍게 끓여낸 것이다. 스시 장인이 솔을 사용하여 재빠르게 스시에 바른다.

니키리의 맛

배합이나 재료는 식당마다 다르므로 당연히 맛도 천차만별이다. 공통점이 있다면 어떠한 니키리이든 그 식당의 스시에 가장 잘 어울리는 맛으로 만든다는 점이다. 따라서 스시 장인이 니키리를 바른 상태로 제공하는 스시는 간장을 묻히지 말고 나온 그대로 먹는 것이 가장 맛있게 먹는 방법이다. 그리고 니키리보다 더 걸쭉하면서 맛이 진한 간장 소스인 니쓰메(煮詰め)도 있다. 니쓰메는 붕장어, 백합 등을 조린 국물에 간장, 맛술, 설탕 등을 넣고 끓인 것이다. 주로 붕장어나 백합 등에 발라 먹는다.

김초밥

박고지 등 이미 양념된 재료는, 그 맛을 즐기자.

이미 양념된 재료가 들어 있는 김초밥은, 니키리가 발라진 스시와 마찬가지로 간장을 묻히지 않는 것이

맛있게 먹는 방법이다. 가운데 들어간 재료에 이미 양념이 되어 있기 때문이다. 간장을 묻히면 전체적인 균형이 깨져버릴 뿐 아니라 염분의 과다섭취로도 이어지므로 주의해야 한다. 오이김초밥 같은 경우도 오이의 풍미를 잃어버리지 않도록 간장 없이 먹는 것이 좋다.

덮밥 또는 찬합 스시 지라시스시 (꽃초밥)

단촛밥과 여러 종류의 재료가 어울리도록 만든 것이 지라시스시이다. 크게 간토와 간사이 방식이 있다. 간토 방식은 '에도마에'라고도 부르며, 단촛밥 위에 재료들을 흩뜨려' 보기 좋게 담는다. 반면 간사이 방식은 '바라치라시'라고 부르며, 잘게 자른 재료를 단촛밥 위로 보기 좋게 담는다. 해물덮밥과 비슷하지만, 일반적으로 흰쌀밥을 사용한 것을 해물덮밥이라 부른다.

* 일본어로 흩뜨리기를 '지라시(散らし)라 함. 이에서 이름 유래.

　스시집 중에는 니기리스시 외에도 일품요리를 갖춰놓는 식당이 많다. 말하자면 사이드 메뉴인 셈인데, 생선구이, 생선회, 튀김 등 신선한 어패류를 풍부하게 사용한 요리는 역시 스시집다운 분위기를 풍기게 한다. 일품요리는 스시에 곁들이는 간단한 음식 외에 입가심 등의 목적으로 주문하는 경우도 있지만, 술을 마시기 위한 안주로 주문하는 경우가 많은 듯하다. 스시를 먹기 전에 술을 한잔 마시며 숨을 고르고, 마니아처럼 지긋이 스시를 즐기는 방법에도 한번 도전해보기 바란다. 스시집의 일품요리를 대강으로라도 즐기고 싶다면, 스시 가이세키*를 주문하면 좋다. 스시 가이세키란 니기리스시를 포함하는 코스 요리로, 전채에서부터 메인인 니기리스시, 마지막의 디저트까지 준비되어 있으므로 천천히 식사를 즐길 수 있다. 식사 예산이 미리 정해진 경우라면 사전에 스시집과 상담하는 것이 좋다. 그러면 식당에서 니기리스시의 구성이나 일품요리 개수 등 예산 범위 내에서 코스요리를 구성해준다.

[튀김]

생선과 야채튀김인 경우가 많다. 식당에 따라서는 가이세키 코스에 튀김이 아닌 조림이 나오기도 한다.

[구이]

생선구이 외에도 식당에 따라서는 새우나 굴구이 등이 나오기도 한다. 고소한 풍미에 안 먹고는 견딜 수가 없다.

[전채]

초무침이나 야채무침 등. 일품요리로 주문하는 경우에는 가장 먼저 요청하여 먹는 것이 좋다.

[디저트]

과일 모듬이나 과일 등.

[국]

맑은장국이나 된장국 등. 사진은 살을 발라내고 남은 생선뼈를 넣고 끓인 국이다. 스시 가이세키에서는 니기리스시를 먹은 후에 나와, 입을 개운하게 해준다.

[생선회]

일반적으로는 1~2종류가 나온다. 사진의 생선회는 4종류여서, 더욱 호화로운 분위기를 즐길 수 있다.

사진:「스시 미스지(鮨実寿思)*」의 『에도마에 스시 가이세키』 코스

* 舎席, 술과 함께 식사를 즐긴 것에서 유래한 고급 코스 식사.
** 1855년 창업한 도쿄의 유명 스시집.

스시집의 일품요리는 어디까지나 스시를 맛있게 먹기 위해 맛을 북돋아주는 역할을 한다. 그리고 일품요리 외에도 중요한 역할을 지닌 스시의 단짝이 두 가지 더 있는데, 그것은 차와 초생강이다. 둘 다 스시를 맛있게 먹기 위해 없어서는 안 될 역할을 지녀, 둘의 효능을 알면 더욱 맛있게 스시를 먹을 수 있다. 우선 두 가지의 공통적인 효과는 '입안의 기름기를 씻어내 개운하게 해준다'는 것이다. 지방이 듬뿍 오른 진한 맛의 스시를 먹은 후 바로 섬세한 맛의 흰살 생선을 먹으면 후자의 맛을 느끼기 힘들 것이다. 이럴 때 차를 입에 머금고 마시거나 초생강을 집어먹으면 입안이 산뜻해진다. 둘 다 냄새 제거 효과가 있어서 생선 냄새도 제거해준다. 따라서 초절임한 등푸른 생선이나 향이 강한 스시를 먹은 직후가 차나 초생강을 먹기에 적당한 타이밍이다. 다만 초생강은 너무 많이 먹으면 입안이 매워지고, 차는 미지근해지면 효과가 줄어드는 것에 주의한다.

[초생강 (가리)]

생강을 감식초에 절인 것이다. 입안의 기름기를 씻어내고 생선 냄새를 제거하는 효과가 있다. 에도 시대에 덩어리 채 우득우득 깨물었던 것이 이름의 유래***이다.

초생강을 너무 많이 먹으면 입안이 매워지므로, 입가심으로는 한 번에 집히는 정도로 조금씩 먹도록 한다.

초생강 사용법 ①

지방이 많은 스시를 먹은 후 한입 집어먹으면, 지방의 끈적하고 진한 맛이 없어지며 입안이 개운해져, 다음 스시의 맛을 마음껏 즐길 수 있다.

초생강 사용법 ②

하나 정도 집어 간장을 묻혀서 군함말이에, 간장 바르는 솔처럼 사용한다. 간장을 묻힌 초생강은 너무 짜므로 먹지 않고 남긴다.

[차 (오차)]

뜨거운 차는 입안의 기름기를 씻어 없애는 것 외에, 차에 함유된 카테킨이 생선 냄새를 없애는 효과도 있다. 여름철이어도 뜨거운 차를 옆에 두고 스시를 먹는 것이 좋다.

차가 식으면 직원에게, 차를 더 따라 달라거나 새로운 차를 달라고 하자.

차의 온도

가루차의 경우, 가장 맛있게 우러나는 온도는 80~90℃ 정도라고 한다. 천천히 달이면 떫은맛이 우러나오므로, 온도가 떨어지지 않도록 하기 위해서라도 한 번에 달여낸다.

스시에 알맞은 차

가루차나 어린잎차 등 잘게 가공한 센차*는 손쉽게 달일 수 있어, 바로바로 뜨거운 차를 내야 하는 스시집에 적합하다. 반대로 교쿠로** 등은 감칠맛이 강해 스시의 맛을 해친다.

* 煎茶 , 찐 찻잎을 바람에 비벼 말리며 가늘고 길게 만든 대중적인 차 .
** 玉露 , 차광막을 씌워 재배한 찻잎으로 만든 최고급 차 .
*** 일본어로 우득우득 깨무는 소리를 '가리가리 (がりがり) ' 라고 한다 .

먹기 전 준비 사항

↓ 식당을 찾는다

가고 싶은 식당이 정해져 있으면 따로 찾을 필요없지만, 막연히 맛있는 스시가 먹고 싶거나 또는 접대나 기념일 등 중요한 사람과 동행하는 자리라면, 공들여 사전 조사를 해둬야 한다. 가장 기본적인 사항은 청결 정도이다. 가능하면 실제 그곳에 가서 점심 등을 먹으며 식당의 분위기나 냄새 등을 확인하는 것이 좋다. 비린내나 식초 냄새가 강한 식당은 피하는 것이 좋다.

체크 포인트 ✓

☐ **평판**
인터넷으로 조사해도 좋지만, 그곳을 잘 아는 사람에게 느낌을 묻는 것이 묘수. 예산도 중요하지만 우선은 나부터 끌리는 식당을 선택해야 한다.

☐ **분위기**
잡지나 인터넷으로 사진을 보는 것은 기본, 가능하면 미리 그곳을 찾아가 확인해본다. 카운터 좌석만 있는 식당은 초보자에게 어려울 수도 있다.

☐ **청결**
청소가 구석구석 잘 되어 있는지, 생선이나 식초 냄새가 너무 강하지는 않은지 점검한다. 낡았다는 것과 청결감은 미묘하게 다른 문제이므로 제대로 살펴봐야 한다.

↓ 예약의 장점

식당을 정했다면, 반드시 예약부터 진행한다. 맛집 사이트 영향 등으로 인기 식당은 당연히 붐빌 것이므로 사전 예약은 필수이다. 또한 예약 없이 방문하면 먹고 싶은 스시가 없을 수도 있다. 특별히 관심 있는 스시 네타가 있다면 예약을 할 때 이에 대한 의사를 전달하여 식당에서 준비할 수 있도록 한다.

체크 포인트 ✓

☐ **예약 방법**
인터넷 예약 식당도 늘고 있지만, 처음 가는 경우라면 반드시 전화하여 상세한 부분까지 확인하는 것이 좋다. 전화는 개점시간 직후가 베스트.

☐ **타이밍**
식당의 재료 구매를 참작하여, 늦어도 방문하기 전날까지는 예약해야 한다. 인원수가 많은 경우에는 더욱 빨리 연락하여 좌석과 네타를 확보하자.

☐ **내용**
반드시 전달해야 할 내용은 인원수와 대략적인 예산이다. 식당의 가격대를 모를 경우에는 솔직하게 일인당 가격을 물어보며 상담한다.

☐ **소개받은 경우**
그 식당을 잘 아는 이가 소개해준 경우, 처음부터 소개받았음을 알리면 예약이 더욱 원활하다. 소개한 사람에게는 나중에 감사 인사를 건넨다.

↓ 예산

가격대를 모를 경우에는, 시험 삼아 점심을 먹어보는 것도 좋은 방법이다. 낮의 가격으로 저녁 가격대를 짐작할 수 있기 때문이다. 또한 스시 예산과는 별도로 음료나 술의 예산도 고려해야 한다.

↓ 시가(時價)란

수시로 가격이 바뀌는 스시 네타이다. 상당히 비싼 것도 있기 때문에 이런 스시가 있다면 주문하기 전에 정확히 확인해야 한다. 솔직하게 물어보면 잘 답해줄 것이다.

체크 포인트 ✓

☐ **점심식사로 사전 체크**
시험 삼아 점심을 먹어보면 저녁 가격대를 알 수 있다. 식당 분위기도 알 수 있으므로 식당 선택이 망설여질 때는 도전해보자.

☐ **점심으로 저녁 가격대를 안다**
식당에서 '일인당 얼마'라고 한 경우는 스시만의 가격이다. 점심 메뉴가 없는 식당도 있으므로 이럴 때에는 식당과 상담하자.

☐ **점심 영업을 안 하는 경우**
저녁에 '오키마리(p115)'라는 적당한 세트 메뉴를 미리 먹어 본다. 가격은 확인이 필요하지만 비교적 저렴하게 먹을 수 있다.

[시간]

예약한 시간에 늦지 않도록 가는 것은 당연. 만약 지각할 것 같으면 일찌감치 식당에 알린다. 늦는데도 식당에 연락않는 것은 가장 큰 결례이다. 식사 중에는 천천히 즐겨도 상관없지만, 식사가 끝난 후에는 너무 눌러앉지 않고 바로 자리에서 일어서는 것이 세련된 모습이다.

[단정한 옷차림]

스시집은 장인과 손님 간 거리가 매우 가깝기 때문에 별로 위생적이지 못한 모습으로 방문하는 것은 매너 위반이다. 또한 손목시계나 반지 등은 카운터를 손상시킬 수 있으므로 가능하면 먹기 전에 벗어놓는다. 일부 고급 스시집에서는 어느 정도의 드레스코드를 요청하기도 한다.

[공복]

당연히 배를 비우고 간다. 스시 한 점은 크지 않지만 먹다보면 배가 부르기 때문에 미리 간식을 먹는 것은 피한다. 취한 상태로 가는 것도 결례이므로, 한잔 마신 후라면 스시집은 피하는 것이 좋다. 가기 전 너무나 배가 고플 때에는 자극적이지 않은 음식을 조금 먹어둔다.

[예습]

모처럼 스시를 먹으러 가는 것이라면, 그 시기의 제철 생선 정보를 미리 공부하고 가면 식사가 더욱 즐거워진다. 미리 조사했던 스시 네타가 눈앞에 제공되면 의외로 기쁘다. 지식을 자랑해서가 아니라, 모르는 것을 먹기보다는 아는 것을 먹는 편이 당연히 더 맛있기 때문이다.

스시집에서는 크게 3종류의 주문 방법이 있다. 이에 따라 사용하는 스시 네타가 달라지므로 기억해 두자.

① 오마카세（おまかせ）

무엇이 어떤 순서로 나오는지를 스시 장인에게 모두 맡기는 시스템이다. 예산에 맞춰, 제철이거나 그날의 질 좋은 네타로 스시를 만들어준다.

② 오코노미（お好み）

손님이 좋아하는 스시를 원하는 타이밍에 장인이 만들어준다. 똑같은 스시 네타도 좋은 부위를 사용하거나 큼직하게 잘라서 스시를 만든다.

③ 오키마리（おきまり）

기본적인 스시 네타로 구성된 세트 메뉴이다. 대부분의 종류를 대강 먹을 수는 있지만, 가격이 저렴하여 질 좋은 추천 네타 등은 빠져 있다.

기본적으로는 자유

스시를 먹을 때 종종 언급되는 것이 먹는 순서를 지키는 일이다. 그러나 이것은 옛날 이야기이고, 최근 경향은 '너무 어렵게 생각하지 말고 좋아하는 네타를 좋아하는 순서로 자유롭게 먹는 편이 좋다'이다. 애초에 먹는 순서에 관한 이런 저런 이야기가 있는 것은, 스시의 맛이 앞뒤 네타에 따라 크게 바뀌기 때문이다. 맛이 강한 네타 다음에 담백한 네타를 먹으면 그 네타 본래의 맛을 즐길 수가 없다. 하지만 최근에는 맛이 강한 네타를 먹더라도 뜨거운 차나 초생강으로 입을 헹구고 다음 것을 먹는다면 상관없다는 생각이 더 강하다. 너무 걱정하지 말고 마음 편히 스시를 즐기면 된다.

맛있게 먹는 순서

기억해서 손해 볼 것 없는

그렇다 하더라도, 스시를 맛있게 먹는 순서는 존재한다. 기본은 맛이 담백한 네타를 먼저 먹고, 맛이 강한 네타 순으로 먹는 것이 바른 순서이다.

먹는 순서 예시

② 붉은살 생선 ⟵ ① 흰살 생선

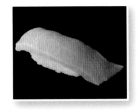

참치, 가다랑어 외에도 조개류가 이 순서. 참치는 도로보다는 아카미를 먼저.

도미, 광어, 농어 등 맛이 담백한 스시를 가장 먼저 먹으면 좋다.

④ 군함말이 ⟵ ③ 등푸른 생선

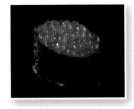

연어알, 성게알 등. 네타의 강한 맛에 김의 풍미가 더해져 제법 맛이 진하다.

같은 등푸른 생선 중에서도 생으로 먹는 네타를 먼저, 식초 등에 절인 것은 나중으로.

⑦ 김초밥 ⟵ ⑥ 계란말이 ⟵ ⑤ 단맛 스시

입안을 개운하게 하는 효과가 있다. 스시집의 김초밥은 식사가 끝났다는 신호이다.

생선 냄새를 중화시키는 효과가 있으며, 입안을 정리해준다.

붕장어, 장어 등. 조림장인 니쓰메를 바른 네타는 맛이 강한 네타보다도 더 나중에.

초보자라면 이것으로 [오키마리]

스시집 주문법의 하나로, 기본 스시를 대략 먹을 수 있는 세트이다. '몇 점에 얼마'로 대강의 구성이 정해져 있어 예산에 신경 쓰지 않고 스시를 즐길 수 있다. 식당마다 다르긴 하지만, 가격별로 등급이 정해져 있어 주머니 사정에 따라 선택할 수 있어서 좋다. 스시를 만드는 순으로 차례차례 나오는 것이 아니라, 스시 전체를 한꺼번에 만들어 접시 등에 나란히 놓여져 나온다. 장인이 다음 스시를 만들 타이밍을 헤아릴 필요가 없는 것도, 초보자에게는 다행스러운 일이다. 또한 '스시 가이세키'라는 코스는 사이드 메뉴도 얼추 나오기 때문에 더욱 안심이다. 사진은 스시 가이세키의 모습이다.

한번 도전해보자 [오마카세]

네타 종류와 먹는 순서 모두를 장인에게 일임하는 '오마카세'는, 그날의 가장 질 좋은 해산물로 스시를 만들어주지만 대신 대부분 가격이 비싸다. 하지만 '오마카세'는 장인이 그날 가장 좋다고 생각하는 네타를, 가장 맛있으리라 생각하는 순서로 만들어주므로, 어떤 의미에서는 가장 스시를 스시답게 즐기는 방법인 셈이다. 잘 아는 스시집이 있다면 반드시 도전해보자.

오마카세의 예산

예약할 때에 '○○엔 정도의 오마카세로 했으면 합니다'라고 미리 상담하는 것이 좋다. 그러면 식당 측에서도 대강의 시세를 계산해 준다. 네타 가짓수나 구성 등이 희망하는 바와 다르다면 예의를 갖춰 취소의 뜻을 알리고 다른 식당을 찾는 것이 좋다.

[받은 스시는 바로 먹는다]

사실 스시집에서 반드시 지켜야할 매너가 이것이다. 스시는 만들어진 순간이 가장 맛있다. '오키마리'처럼 스시 전체가 한 접시로 동시에 나오는 것은 예외지만, 스시를 받으면 바로 먹도록 한다. 방치해두면 네타가 마르면서 맛이 떨어진다. 또한 따뜻한 샤리로 만든 스시는, 시간이 지나면 네타가 너무 데워져 지방이 녹아내리기도 한다. 그렇다고 해서 급히 먹다보면 스시를 즐길 수 없으므로, 스시를 내오는 속도가 빠를 경우에는 천천히 해달라고 요청한다.

자리에 앉는 방법

스시집에서는 앉는 자리에 따라 즐기는 방법이 다르다. 식당 직원이 안내하는 경우에는, 가리키는 자리에 앉으면 되지만, 맘에 드는 자리에 자유로이 앉아도 된다면 어떻게 즐기고 싶은지에 따라 앉을 자리도 달라진다. 기본적으로 카운터는 스시 장인과 마주보는 자리이므로 초보자에게는 부담스러울 수 있다. 스시집에 익숙하지 않거나 처음 가본 식당이라면 아무래도 카운터 구석이나 테이블을 선택하는 편이 낫다. 단골집이 아니어서 눈에 띄지 않으려는 것이 아니라, 지나치게 긴장하지 않으면서 스시를 즐기려는 방안이라고 생각하면 된다.

[일반적인 스시집]

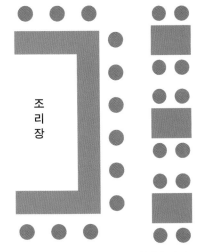

조리장

카운터는 ㄷ 또는 L자 형태가 많다. 카운터 중앙은 최고 장인이 바로 앞에 서있어 긴장되는 자리이다.

스시의 묘미, 카운터

드라마 등에서 '카운터 너머의 스시 장인과 손님이 즐겁게 대화를 나누는' 장면이 나오듯이, 카운터에서는 스시뿐 아니라 장인과의 대화도 즐길 수 있다. 제철 생선, 오늘의 추천 네타 등 스시에 관한 이야기를 듣다 보면 재미있다. 하지만 카운터에서도 장인에 가까운 자리와 먼 자리가 있는데, 식당에 따라서는 장인과 가까운 자리는 단골손님 자리라는 암묵적인 양해가 형성되어 있기도 하다. 설령 스시 만드는 모습이 보고 싶더라도 조금 떨어진 자리에 앉는 편이 낫다.

술을 마신다면 테이블로

술을 혼자서 조금 마시는 것이라면 카운터 자리여도 괜찮다.

여럿이 가서 술을 마실 예정이라면 테이블 자리에 앉는 것이 매너이다. 구이나 생선회 등 술안주를 담는 접시가 많아지기 때문에 카운터보다는 테이블 쪽이 나으며, 일행과의 대화에 열중하다보면 장인과는 아무래도 대화를 나누지 않게 되는 것도 테이블이 좋은 또 다른 이유이다. 카운터 자리는 장인과의 대화를 즐기는 사람들을 위해 비워두는 것이 좋다. 술을 마실 때는 가능하면 스시도 '오키마리'로 주문한다.

스시집이라면 대부분 술을 갖추어 안줏거리가 될 만한 일품요리도 먹을 수 있지만, 어디까지나 메인은 스시이다. 술을 마실 예정이면 가게에 미리 알리는 것이 좋다. 특히 예약 시점에 말해두면 안주 재료를 미리 준비해 두므로 좌석에 앉는 것부터 순조롭다. 술을 마실 것을 알릴 때는 스시를 어떻게 할지도 함께 알린다.

술을 마실 때의 주문

예컨대 예약할 때에, 술을 마시려는데 어떤 안주가 있는지를 미리 상담한다. 이렇게 하면 스시집에서 안주 재료를 미리 준비할 수가 있다. 이때 '술을 마신 후 스시는 조금만' 또는 '일행 모두 스시도 1인분씩 먹겠다' 등, 스시는 어떻게 할지도 함께 알려 준다.

가볍게 즐긴다면 맥주이지만, 스시에 어울리는 것은 역시 일본 청주이다. 샤리와 마찬가지로 쌀이 원료인 일본 청주는 스시와의 궁합이 뛰어나다. 생선 냄새를 제거하는 효과도 있다.

와인과 스시

와인 인구가 늘어남에 따라 와인을 취급하는 스시집도 늘고 있다. 그런데 이것이 의외로 잘 맞는다. 앞으로도 스시와 와인의 문화는 더욱 확대될 것이다.

와인과 어울리는 스시

① 레드와인

가벼운 듯한 레드와인은 아카미나 등 푸른 생선, 흰살 생선과도 잘 어울려, 스시의 맛을 더욱 돋보이게 해준다.

② 화이트와인

드라이한 화이트와인은 담백한 흰살 생선이나 오징어, 불에 구운 스시 등과 잘 어울린다.

③ 일본 청주를 추천

연어알, 성게알 등 맛이 진한 알 종류와 와인은 잘 맞지 않는다. 이때는 일본 청주가 가장 잘 어울린다.

계산

식사가 끝나면 계산을 의뢰한다. 이때 식당 직원에게 계산을 요청하며 주의할 점이 한 가지 있다. 이것은 같은 '계산'이란 의미여도 '오아이소'라는 말은 가능한 한 사용하지 말아야 한다는 점이다. '오아이소'란 장인이 상품 가격을 표시하는 전문용어로, 원래는 '정나미가 떨어지다(愛想が 尽きる)'라는 말로부터 생겨났다고 한다. 이 때문에 손님이 식당에서 '오아이소'라고 말하는 것은 '이 식당은 정나미가 떨어진다'라는 의미가 되어버린다. 일본에서 계산을 부탁하려면, '오칸조(お勘定) 오네가이시마스' 또는 '오카이케이(會計) 오네가이시마스'라고 말해야 한다.

의외일지 모르겠으나, 스시집에서는 스시에 대한 (메뉴판에는 없는) 세세한 주문에 응해준다. 예를 들면 손님의 입 크기에 맞춰 스시를 전체적으로 작게 만들어준다거나, 너무 빨리 배부르지 않도록 샤리를 좀 작게 만들어주는 등 개별적인 요청에 응해준다. 이렇게 하면 식당 본래의 스시 밸런스는 바뀌어버리지만, 손님이 가장 맛있게 먹을 수 있도록 장인이 배려하는 것이다. 단골손님이 아니면 응하지 않는 식당도 있는 듯하지만, 세세한 주문을 정확히 요청하면서 그 이유도 함께 전달하자. 스시집에는 눈에 보이지 않는 규칙이나 매너가 많으리라 생각되지만 최근에는 '손님이 맛있게 먹으면 그것으로 좋다'고 생각하는 스시집이 늘고 있다. 너무 딱딱하게 생각하지 말고, 스시에 관한 세세한 주문이 가능한 지를 장인과 이야기해보는 것도 스시집의 즐거움이다. 단 옛날 방식의 식당도 있으므로 주의가 필요하다.

세세한 주문

더욱 맛있게 먹으려면

■
[샤리를 약간 작게]

보통

작게 만든 것

샤리의 크기를 줄여 작게 만든 스시. 입이 작은 사람은 먹기 쉽도록 하려 한다든가, 소식하는 사람은 금방 배부르지 않도록 하려 한다는 등의 이유를 정확히 전달하자.

■
[작게 만든 스시]

보통

작게 만든 것

스시는 한입에 먹는 것이 가장 맛있지만, 입이 작은 사람이라면 어려운 일일 수도 있다. 이런 사람들도 먹기 쉽도록 스시의 네타와 샤리가 한층 작은 스시를 주문한다.

더욱 맛있게 먹는 비법

장인과의 대화를 즐긴다

종종 언급하지만, 장인과의 대화도 스시집의 묘미이다. 하지만 이런 생각으로 카운터에 앉았어도 바쁘게 일하는 장인을 앞에 두면 좀처럼 말을 걸기가 어렵다. 처음에는 장인이 말을 걸면 대답하는 정도의 자세가 좋을 듯하다.

1인 스시

누구에게도 방해받지 않고 스시에 집중할 수 있다는 이점이 있지만, 스시집에 혼자 들어가려면 용기가 필요하다. 현실적으로, 친구 등과 여러 번 들러 낯이 익은 곳이라야 혼자서도 갈 수 있다. 장인과 일대일로 마주 보고 대화하며 맛있는 스시를 먹을 수 있다면, '스시 마니아'라 자처해도 좋을 것이다.

■

[한 점씩]

두점

한점

최근에는 1개분(一貫)이라 하면 스시 한 점이지만, 예전에는 1개분이 스시 두 점이던 시절이 있었다. 다양한 스시를 먹고 싶다면 한 점씩 달라는 이유를 설명하며 요청하면 된다.

■

[와사비를 뺀 스시]

보통

와사비를 뺀 스시

와사비가 고역인 사람이라면 요청해 보자. 완전히 없애도 좋고 '조금만'이라 말해도 좋다. 와사비도 스시 맛 중 일부이므로, 가능하면 조금이라도 와사비가 든 스시로 요청하자.

저렴한 가격과 다양한 종류, 패밀리 레스토랑처럼 가족과 즐길 수 있는 편안한 분위기로 인기 있는 회전스시. 이것의 발상지는 오사카이다. 1958년, 서서 먹는 스시집의 경영자였던 시라이시 요시아키(白石義明)가 맥주 공장의 컨베이어벨트에서 힌트를 얻어 개발한 '선회식 식사대'가 회전스시의 시초이다. 이후 회전스시는 1970년 오사카 만국박람회에 출전하여 표창을 받으며 전국적으로 알려지게 되었고, 이와 동시에 음식업 체인점도 전국으로 확산되었다. 차를 자동으로 제공하는 장치, 스시 로봇, 터치패널 주문기 등의 설비를 독자적으로 도입하는 등 회전스시는 스시집과는 별개의 장르로 진화하며 독자 노선을 걷고 있다. 창작 스시가 풍부하고 라면이나 카레 등 식사 메뉴도 다양한데, 최근에는 마침내 회전하지 않는 회전스시도 등장하였다.

회전스시 형태

E형

대형 회전스시 체인점에서 볼 수 있는 시스템이다. 컨베이어벨트가 여러 개 있고 한쪽 부분이 주방과 접해 있어, 이곳에서 스시를 벨트 위로 올린다. 손님은 컨베이어벨트 앞에 앉아 주문은 터치패널 등으로 한다. 패밀리 레스토랑 같은 가벼운 분위기가 매력이다.

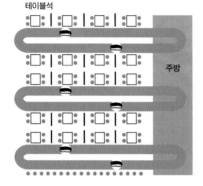

O형

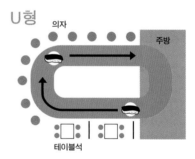

최초로 고안되었던 회전스시의 형태이다. 레인 가운데에 장인이 서 있고, 손님은 카운터처럼 각자 장인을 향해 마주 보면서 스시를 집거나 장인에게 주문한다. 옛날 방식의 스시집 스타일을 그대로 본뜬 디자인이다.

진화한 E형

컨베이어벨트 대신 주문한 고객의 자리로 스시를 보내 주는 직송 레인이 있는 형태이다. 레인은 직선으로만 이동할 수 있어 보통 '회전하지 않는 회전스시'라 불린다. 주문이 원활하지 않은 것이 애로 사항이지만 레인을 2~3단으로 만들어 이에 대응하는 중이다.

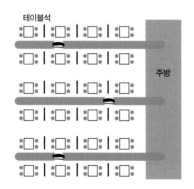

U형

O형 컨베이어벨트 중 일부가 주방에 접해 있다. 장인은 컨베이어벨트 가운데에서 스시를 만들지만, 별도로 주방에서 만든 스시도 컨베이어벨트 위에 올라간다. 여러 바퀴 돌고 있는 스시는 주방에서 솎아내어 치운다.

회전스시 토막지식

Q. 컨베이어벨트의 속도는?

일반적인 회전스시 컨베이어벨트는 초속 4㎝로 회전한다. 이는 손님이 스시 네타를 확인하고 접시를 집기까지의 동작에 가장 적절한 속도라고 한다.

Q. 어느 쪽으로 도는가?

대부분의 회전스시가 오른쪽(시계방향)으로 돈다. 이것은 손님이 회전스시 컨베이어벨트의 정면을 향했을 때 오른손으로 스시 접시를 집기 편하게 한 것이다.

Q. 일본 외에도 있는가?

회전스시 체인 대부분이 적극적으로 해외 진출을 엿보고 있다. 한 예로 겐키스시(元氣寿司)는 1993년 하와이를 시작으로 해외에 80개 이상의 점포를 가지고 있다.

주목받는 새로운 업태 회전하지 않는 스시

컨베이어벨트가 없는 진화한 E형 회전스시가 서서히 늘고 있다. 기존 회전스시에 비해 비용 대비 효과가 높은 것이 장점이다.

위생을 위해 스시에 덮개를 씌워 컨베이어벨트에 올리는 회전스시가 증가하고 있다. 사진은 '무텐쿠라스시(無添くら寿司)'의 전용 스시 덮개 '센도쿤'

자리에 인접한 직송 레인 모습. 기존 회전스시보다 좌석수를 늘릴 수 있다. 레인이 자신의 자리 앞에서 멈추는 것이 재미있다.

'무텐쿠라스시'의 접시 회수 시스템인 '물회수 시스템'. 먹은 접시를 포켓에 넣기만 하면 흐르는 물을 따라 세척장소로 흘러가는 구조이다.

직송 레인을 3단으로 설치하여, 주문이 늦어지는 것을 방지한다. (위아래 사진 모두 겐키스시에서 운영하는 '우오베이(魚べい)').

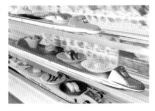

회전스시 일부에서 추진 중인 고급화. 기존 이미지를 뒤엎는 고급스러운 분위기이다. 사진은 오사카 난바의 '회전스시 교토 CHOJIRO 호젠지점'

[교스시]

기타큐슈, 고쿠라를 중심으로 영업한다. 시장에서 직송한 싱싱한 생선을 사용하며, 간장이나 육수도 그 고장 식자재만을 고수한다.

[교스시 모지점]
(기타큐슈 시내에 이곳 포함 6개 점포)
주소: 후쿠오카현 기타큐슈시 모지구 히가시신마치 1-1-1 다카후지빌딩 2F
전화: 093-372-7890
영업시간: [월~금] 11:00~15:00, 17:00~22:00
[토,일,공휴일] 11:00~22:00 ※연중무휴
https://kyousushi.co.jp/

[가나자와 마이몬스시]

노토반도의 은총을 받은 해산물에 자신만의 쌀과 양념을 사용하여 스시를 완성한다. '눈볼대' 등 호쿠리쿠 지방 특유의 네타가 풍부하다.

[가나자와 마이몬스시 본점]
(가나자와를 중심으로 본점 포함 회전스시 8개, 스시집 5개 점포)
주소: 이시카와현 가나자와시 에키니시신마치 3-20-7
전화: 0120-611-448
영업시간: 11:00~21:30 ※부정기 휴무
https://www.maimon-susi.com/

[회전스시 트리톤]

홋카이도의 제철 어패류를 사용한 스시는, 먹은 후 배가 부를 정도로 커다란 네타가 일품이다. 가능한 한 당일 잡은 어패류를 사용하려는 장인정신이 담겨 있다.

[회전스시 트리톤 후시코점]
(홋카이도를 중심으로 이곳 포함 15개 점포)
주소: 홋카이도 삿포로시 히가시구 후시코7초 2초메 4-8
전화: 011-782-5555
영업시간: 11:00~22:00 (LO 21:30)
※연중무휴
http://toriton-kita1.jp/

ㄱ

【가이바시라(貝柱)】 조개류의 껍데기를 닫는 역할을 하는 근육. 관자.

【게우오(下魚)】 게자카나라고도 부른다. 비교적 저렴한 스시 네타를 뜻한다.

【게타(下駄)】 손님에게 스시를 낼 때 스시를 얹는, 도마 비슷하게 생긴 판. 일본 나막신과 비슷하게 생겨 게타라 부른다.

【교쿠(玉)】 음식점 달걀말이를 이르는 말이다.

【구사(くさ)】 판형 김을 이르는 말이다. 판형 김의 원조인 아사쿠사 노리의 '쿠사'에서 이름이 유래했다.

ㄴ

【나미다(なみだ)】 스시집에서 와사비를 가리키는 말.

【네타(ネタ)】 스시에서 단촛밥 위에 얹는 재료. 스시다네, 다네, 스시네타로도 부른다.

【네타케이스(ネタケース)】 냉장 쇼케이스의 일종. 스시 네타 등 재료를 넣어 두는 곳이다.

【니게모노(にげ物)】 매입원가가 저렴한 식자재.

【니쓰메(煮ツメ)】 생선 등을 넣고 끓인 니시루(煮汁)를 조려 만든 맛이 진한 소스. 붕장어나 조개류 등의 네타에 바른다.

ㄷ

【니키리(煮切り)】 간장, 맛술, 청주, 육수 등을 섞어 조린 것.

【다치즈시(立ち寿司)】 카운터 형태의 식당.

【뎃포우(鐵砲)】 호소마키 스시. 또는 일부 지역에서는 복어를 가리킨다.

【데즈(手酢)】 스시를 만들 때 손가락 끝에 묻히는 식초.

ㅁ

【무라사키(紫)】 간장의 다른 이름.

ㅅ

【미소(みそ)】 새우나 게의 내장·간 또는 췌장.

【소토코(外子)】 새우나 게에서, 산란 후 다리로 감싸 보호 중인 상태의 알.

【스시메(酢締め)】 생선 등에 소금을 뿌려 한번 씻은 후, 일반 식초와 단식초에 절인 것.

【스이칸(水管)】 조개류 등에서 마치 발처럼 보이는 관 형태의 몸의 일부. 물이 유입, 유출되는 곳인데 이 물로 아가미 호흡을 한다.

【쓰케다이(付け台)】 손님에게 스시를 내놓는 카운터 앞의 좁고 긴 상.

【쓰케바(付け場)】
장인이 스시를 만드는 장소.

【시고토(仕事)】
삶고, 식초에 절이고 소스를 바르는 등 스시 네타를 손질하는 일.

【시로미(白身)】
붉은 색소를 지닌 단백질인 미오글로빈이 적은 물고기(흰살 생선). 시로미자카나(白身魚)라고도 부른다.

【시로코(白子)】
주로 물고기의 정소를 가리킨다.

【시코미(仕込み)】
스시 네타를 칼로 자르기 직전까지의, 구체적인 재료 손질.

【아가리(あがり)】
스시집에서 나오는 차. 마지막 마무리로 나오는 차를 가리키는 경우도 있다. 이 경우 맨 처음 나온 차는 '데바나(でばな)'라고 부른다.

【아니키(あにき)】
이전에 매입하여 오래된 스시 네타. 새로 매입한 네타는 '오토우토(おとうと)'라고 부른다.

【아부리(あぶり)】
스시 네타를 직화하거나 버너로 살짝 굽는 것. 스시 상태에서 불에 굽기도 한다.

【아오사카나(靑魚)】
등지느러미가 푸른빛을 띠는 생선(등푸른 생선). 원래 히카리모노(光り物)와는 다른 것이었지만 최근에는 거의 같은 뜻으로 사용한다.

【아카미(赤身)】
붉은 색소를 지닌 미오글로빈이라는 단백질을 함유한 근육살. 이런 근육을 지닌 물고기를 아카미자카나(赤身魚, 붉은살 생선)라고 한다.

【야마(山)】
조릿대(笹, 볏과에 속한 여러해살이 식물)의 잎. 이 잎으로 감싼 스시를 사사즈시(笹寿司)라고 한다.

【오도리(踊り)】
살아 있는 새우의 껍질을 벗겨, 살아 있는 채로 만든 스시. 새우가 단촛밥 위에서 춤을 추는 듯이 움직여서 이런 이름이 붙었다(오도리는 '춤'이란 뜻).

【오오바(大葉)】
푸른 차조기(시소) 잎. 정어리나 가다랑어 등의 고명으로 사용한다.

【우치코(內子)】
새우, 게, 갯가재 등이 산란하기 전, 체내에 있는 알.

【유노미(湯飮み)】
원래는 차를 담는 작은 찻잔. 스시집의 유노미가 큰 것은(얼른 식지 않는) 뜨거운 차를 제공하기 위해서다.

【이케시메(活け締め)】
살아 있는 물고기를 칼 등으로 즉사시키는 것. 감칠맛 성분의 감소를 방지하는 효과가 있다.

【조우자카나(上魚)】
고급 스시 네타.

【오보로(おぼろ)】
새우나 생선 등을 삶아 잘게 풀어 조미한 것. 소보로(そぼろ)라고 부르기도 한다.

【오로로(おろろ)】 — (해당 없음)

【지아이(血合い)】
붉은 색소가 있는 헤모글로빈이나 미오글로빈을 많이 함유하는 근육 부위.

【ズ케(ジケ)】
간장절임. 참치 아카미로 만드는 즈케가 일반적.

【하란(はらん)】
엽란(葉蘭, 백합과에 속한 여러해살이풀)이라는 식물. 쓰케다이 위에 깔아 놓는다. 최근에는 주로 하란 모양으로 만든 플라스틱을 도시락 등에 넣는 용도로 사용한다.

【하코즈시(箱ずし)】
나무 상자에 단촛밥과 스시 네타를 채워 넣은 후 눌러서 만든 스시.

【한미즈케(半身づけ)】
작은 물고기로 스시 한 점을 만드는 것. 한 마리의 절반으로 스시 한 점에 한 마리 전체를 사용하는 것은 마루즈케(丸づけ)라고 한다.

【히모(ひも)】
조개류 등에서 몸 표면을 덮는 외투막.

【히카리모노(光り物)】
몸 색깔이 은색으로 빛나는 작은 물고기로, 식초에 절여 사용하는 생선.

123

여름

👑 1위 농어 (스즈키)

2위 갯장어
(하모)

3위 창오징어
(겐사키이카)

에도 시대 문헌에 '여름날 진미, 이것을 능가하는 것이 없다'고 쓰여진 대표적인 여름 흰살 생선!

여름 생선으로 인기 있는 농어가 1위. 여름 농어는 산란기를 앞두고 먹이를 잔뜩 먹어 감칠맛이 가득하다. 2위는 교토의 여름 풍물시 갯장어. 7월 교토의 기온 마쓰리 때 먹는 음식이라는 이미지도 있어 여름 기분이 든다. 3위는 창오징어. 한치라고도 한다. 여름에는 좀 작지만 다양한 방법으로 조리해 먹는다. 스시로 먹어도 맛있다!

봄

👑 1위 전갱이 (마아지)

2위 만물 가다랑어
(하쓰 가쓰오)

3위 참돔
(마다이)

친숙하고 구하기 쉬우며 가격도 저렴하여 인기. 고급 브랜드 제품에도 도전해보자.

봄부터 제철인 전갱이가 당당히 1위. 여름까지는 날씨가 따뜻해짐에 따라 점점 맛있어진다! 2위는 그 해 처음 잡은 만물 가다랑어. 태평양을 북상하는 만물 가다랑어는 '보이는 건 푸른 잎, 산에는 두견새, 초여름 첫 가다랑어'라는 에도 시대 하이쿠로 유명하다. 3위는 참돔. 벚꽃 피는 시기의 도미를 사쿠라다이(꽃돔)라 부르는데 문자 그대로 봄 느낌이 물씬 풍기는 스시 네타이다.

겨울

👑 1위 겨울 방어 (간부리)

2위 아귀간
(안키모)

3위 이리
(시로코)

사진은 여름 방어지만, 추운 계절의 방어는 다량의 지방으로 살이 반질반질한 분홍빛으로 빛난다.

추워질수록 지방이 오르며 감칠맛이 더해져, 다른 계절과는 격이 다른 특별한 맛의 겨울 방어. 1위인 것이 당연할 정도의 인기와 맛을 지녔다. 2위인 아귀간은 짙은 풍미가 일품. 과연 '바다의 푸아그라'라 일컬을 정도의 맛이다. 3위인 이리는 대구의 정소를 가리킨다. 대구 자체가 겨울 생선이지만 이리도 겨울이 제철이다. 생크림 같은 식감이 일품이다.

가을

👑 1위 꽁치 (산마)

2위 회귀 가다랑어
(모도리 가쓰오)

3위 찐 굴
(무시 가키)

'秋刀魚'라는 한자 이름이 붙을 정도로 가을이 제철. 스시로도 구이로도 모두 맛있는 가을철 만능 식자재!

추운 겨울이 오기 전, 물고기가 영양분을 잔뜩 저장하는 계절. 그중에서도 1위인 꽁치는 참치 대뱃살처럼 지방이 듬뿍 올라 맛있다. 2위는 회귀 가다랑어. 봄에 북상하여 북쪽 바다에서 먹이를 먹으며 통통하게 살찌고 커져서 남쪽으로 돌아오기 때문에 회귀 가다랑어라 부른다. 3위는 찐 굴을 얹은 스시이다. 바다의 우유가 탱글탱글하다.

👑 1위 참치 중뱃살
(주토로)

남성에게 인기 있는 스시

2위 전갱이 (아지)
3위 잿방어 (간파치)
4위 고등어 초절임 (시메사바)
5위 전어 (고하다)

Best1
Best2
Best3

👑 1위 참치 중뱃살
(주토로)

여성에게 인기 있는 스시

2위 광어 지느러미살 (엔가와)
3위 전갱이 (아지)
4위 오로라연어 (오로라사몬)
5위 참치 등살 (마구로 아카미)

Best1
Best2
Best3

* 우오가시 니혼이치 (일본의 대형 스시 체인점) 조사

도래다테타치구이 우오가시니혼이치
(とれたて立喰い寿司 魚がし日本一)

콘셉트는 에도마에 패스트푸드점. 쓰키지 시장에서 구매한 신선한 네타가 한 점에 75엔부터이다. 스시 장인이 눈앞에서 만드는 따뜻한 샤리의 스시를, 원하는 때에 원하는 네타를 원하는 만큼. 고급 네타도 가볍게 즐길 수 있다.

대표 점포

秋葉原店	東京都千代田区神田佐久間町1-21 山傳ビル1F
アトレ秋葉原店	東京都千代田区外神田1-17-6 アトレ秋葉原11F
池袋西口店	東京都豊島区西池袋1-35-1 カドビル1F
池袋東口店	東京都豊島区南池袋1-22-4
エキュート品川サウス店	東京都港区高輪3-26-27 エキュート品川サウス JR東日本品川駅構内
霞ヶ関飯野ビル店	東京都千代田区幸町2-1-1 飯野ビルディングB1F　イイノダイニング
吉祥寺南口店	東京都武蔵野市吉祥寺南町1-5-9 くまもとビル1F
麹町店	東京都千代田区麹町3-5-16 サンゴビル1F
五反田店	東京都品川区西五反田1-7-1 五反田プラグマGタワー106号
渋谷センター街店	東京都谷宇区宇田川町25-6
渋谷道玄坂店	東京都谷区道玄坂2-9-1
新宿西口店	東京都新宿区西新宿1-12 河西ビル1F
新橋駅前店	東京都港区新橋3-21-10 オルパスビル1F
中野サンモール店	東京都中野区中野5-64-8
羽田空港際線ターミナル	東京都大田区羽田空港2-6-5 羽田空港国際線ターミナル内
TOKYO SKY KITCHEN店	ALL DAY DINING TOKYO SKY KITCHEN
ポルタ神楽坂店	東京都新宿区神楽坂2-6　PORTA神楽坂102
チッタ川崎店	神奈川県川崎市川崎区小川町1-7
エミオ田無店	東京都西東京市田無町4-1-1　エミオ田無2F
中之島フェスティバルプラザ店	大阪府大阪市北中之島2-3-18 中之島フェスティバルプラザB1F
西日暮里店	東京都荒川区西日暮里5-21-3
八重洲仲通り店	東京都中央区日本橋2-2-20　日本橋大善ビル1F
京橋エドグラン店	東京都中央区京橋2-2-27　京橋エドグランB1F

도래다테에도스시 우오가시니혼이치
(とれたて江戸寿司 魚がし日本一)

쓰키지 시장에서 경매를 통해 구매한 재료로 만든 스시는 물론이고 제철 어패류와 계절 요리도 풍성하다. 카운터와 테이블 자리뿐 아니라 대형 연회장과 별실이 갖춰진 곳도 있다. 점심 메뉴도 다양하여 여러 상황에 맞춰 이용할 수 있다.

홈페이지) http://www.uogashi-nihonichi.com/

대표 점포

赤坂店	東京都港区赤坂3-9-4 赤坂扇やビル1F
浅草橋店	東京都台東区柳橋1-13-3 浅草橋江戸通りビル1~2F
御徒町店	東京都台東区台東4-8-7 友泉御徒町ビル1F
新橋駅ビル店	東京都港区新橋2-20-15 新橋駅前ビル1号館B1F
ハマサイト店	東京都港区海岸1-2-20 汐留ビル2F
浜松町店	東京都港区芝大門2-2-2 日建芝大作ビル1~3F
三田店	東京都港区芝5-29-3 三田永谷マンション1F
川崎店	神奈川県川崎市川崎区駅前本町15-5　十五番館ビル1F・B1F
東急港北店	神奈川県横浜市都筑区茅ヶ崎中央5-1 港北東急百貨店S.C.5F
大手町グランキューブ店	東京都千代田区大手町1-9-2　大手町フィナンシャルシティグランキューブB1F
茅場町店	東京都中央区日本橋茅場町2-8-4　全国中小企業会館B1F

스시 미스지(鮨 美寿思）

창업 이후 면면히 이어져 온 스시를 향한 '뜻'을 먹는 이를 향한 '애정'으로 바꾸어, 엄선한 재료와 시대에 맞는 스타일을 제공. 지상 200m 높이의 경관과 함께 에도마에 스시를 맛볼 수 있다. 접대나 기념일에 그리고 자신에게 주는 포상으로도 좋다.

스시 미스지
(鮨 美寿志)

콘셉트는 '에도마에 엔터테인먼트'. 스시, 일본 청주, 와인의 마리아주를 세 군데의 개인실 카운터에서 즐길 수 있다.

주식회사 닛판 ☎ 03-3544-7571
[HP] http://www.susinippan.co.jp

기타 운영 브랜드
■ 아오유즈(青柚子)
쓰키지에서 직송한 싱싱한 생선과 채소를 고집스레 사용하는 어채 요리점.
■ Aoyuzu
스타일리쉬한 분위기로 이탈리아 요리를 즐길 수 있는 레스토랑.
■ 아오유즈 인(青ゆず 寅)
에도 시대 정서인 '운치 있는 풍류'를 연출한 일식요리점.
■ Vittorio Pomodoro Tsukiji
쓰키지의 신선한 식자재로 만든 정통 이탈리아식 시칠리아 요리점.
■ 우오가시소바(魚がしそば)
장인정신이 담긴 해산물로 만든 새로운 감각의 비빔국수집.

스시 교과서

1판 1쇄 2019년 3월 4일
1판 2쇄 2021년 11월 1일

지은이 다카라지마社
옮긴이 오연정
펴낸이 김승욱
편 집 오연정 김승욱 심재헌
디자인 김선미
마케팅 채진아 유희수 황승현
홍 보 김희숙 함유지 김현지 이소정 이미희
제 작 강신은 김동욱 임현식

펴낸곳 이콘출판(주)
출판등록 2003년 3월 12일 제406-2003-059호

주소 10881 경기도 파주시 회동길 455-3
전자우편 book@econbook.com
전화 031-8071-8677
팩스 031-8071-8672

ISBN 979-11-89318-09-3 03590

이 도서의 국립중앙도서관 출판시도서목록(CIP)은 e-CIP 홈페이지(http://www.nl.go.kr/ecip)와 국가자료공동목록시스템
(http://www.nl.go.kr/kolisnet)에서 이용하실 수 있습니다. (CIP제어번호: CIP2019003792)